U0317650

① 导读与重点：

以言简意赅的语言表述本章介绍的主要内容和教学重点。

② 教学视频：

列出本章有同步教学视频的操作案例，让读者随时扫码学习。

③ 实例概述：

简要描述实例内容，同时让读者明确该实例是否附带教学视频。

④ 操作步骤：

图文并茂，详略得当，让读者对实例操作过程轻松上手。

⑤ 技巧提示：

讲述软件操作在实际应用中的技巧，让读者少走弯路、事半功倍。

▶▶ 观看二维码教学视频的操作方法

　　本套丛书提供书中实例操作的二维码教学视频，读者可以使用手机微信中的"扫一扫"功能，扫描本书前言中的"扫一扫，看视频"二维码图标，即可打开本书对应的同步教学视频界面。

▶▶ 推送配套资源到邮箱的操作方法

　　本套丛书提供扫码推送配套资源到邮箱的功能，读者可以使用手机微信中的"扫一扫"功能，扫描本书前言中的"扫码推送配套资源到邮箱"二维码图标，即可快速下载图书配套的相关资源文件。

安装硬件驱动

设置虚拟内存

Windows 7的【开始】菜单

360安全卫士优化

Windows 10的【开始】菜单

Windows优化大师

更换账户图片

设置任务栏

选择桌面主题

使用CCleaner

设置屏幕分辨率

设置屏幕保护程序

查看打印机任务

Excel 2016

Word 2016

PowerPoint 2016

计算机基础与实训教材系列

计算机组装与维护
实例教程 (第四版)
(微课版)

夏魁良 于光华 李岩 编著

清华大学出版社

北京

内 容 简 介

本书由浅入深、循序渐进地介绍计算机组装与维护的操作方法和使用技巧。全书共分 11 章，分别介绍计算机基础知识、计算机硬件选购常识、组装计算机、主板 BIOS 设置、安装操作系统、安装驱动并检测硬件、操作系统和常用软件、计算机的优化设置、计算机网络设置、计算机安全维护以及排除常见计算机故障等内容。

本书内容丰富、结构清晰、语言简练、图文并茂，具有很强的实用性和可操作性，是一本适合于高等院校计算机及相关专业的优秀教材，也是广大初、中级计算机用户的自学参考书。

本书对应的电子课件、实例源文件和习题答案可以到 http://www.tupwk.com.cn/edu 网站下载，也可通过扫描前言中的二维码下载。

图书在版编目(CIP)数据

计算机组装与维护实例教程：微课版 / 夏魁良，于光华，李岩 编著. —4 版. —北京：清华大学出版社，2019
(计算机基础与实训教材系列)
ISBN 978-7-302-53545-4

Ⅰ.①计… Ⅱ.①夏… ②于… ③李… Ⅲ. ①电子计算机—组装—教材②计算机维护—教材 Ⅳ. ①TP30

中国版本图书馆 CIP 数据核字(2019)第 180073 号

责任编辑：胡辰浩
封面设计：孔祥峰
版式设计：妙思品位
责任校对：成凤进
责任印制：李红英

出版发行：清华大学出版社
　　　　网　　　址：http://www.tup.com.cn，http://www.wqbook.com
　　　　地　　　址：北京清华大学学研大厦 A 座　　　　　　邮　　编：100084
　　　　社 总 机：010-62770175　　　　　　　　　　　　邮　　购：010-62786544
　　　　投稿与读者服务：010-62776969，c-service@tup.tsinghua.edu.cn
　　　　质 量 反 馈：010-62772015，zhiliang@tup.tsinghua.edu.cn
印 装 者：三河市铭诚印务有限公司
经　　销：全国新华书店
开　　本：190mm×260mm　　　　印　　张：19　　　插　页：2　　字　数：499 千字
版　　次：2009 年 1 月第 1 版　　 2019 年 9 月第 4 版　　印　　次：2019 年 9 月第 1 次印刷
印　　数：1～3000
定　　价：59.00 元

产品编号：080582-01

编审委员会

丛书序

　　计算机已经广泛应用于现代社会的各个领域，如何快速地掌握计算机知识和使用技术，并应用于现实生活和实际工作中，已成为新世纪人才迫切需要解决的问题。基于以上因素，清华大学出版社组织一线教学精英编写了这套"计算机基础与实训教材系列"丛书，以满足大中专院校、职业院校及各类社会培训学校的教学需要。

一、丛书特色

◉ 选题新颖，教学结构科学合理，为计算机教学量身打造

　　本套丛书注重理论知识与实践操作的紧密结合，全面贯彻"理论→实例→上机→习题"4阶段教学模式，在内容选择、结构安排上更加符合读者的认知习惯，从而达到老师易教、学生易学的目的。丛书完全以大中专院校、职业院校及各类社会培训学校的教学需要为出发点，紧密结合学科的教学特点，由浅入深地安排章节内容，循序渐进地完成各种复杂知识的讲解，使学生能够一学就会、即学即用。

◉ 教学视频，一扫就看，配套资源丰富，全方位扩展知识能力

　　本套丛书提供书中实例操作的二维码教学视频，读者使用手机微信、QQ 以及浏览器中的"扫一扫"功能，扫描前言里的二维码，即可观看本书对应的同步教学视频。此外，本书配套的素材文件、电子课件和习题答案等资源，可通过在 PC 端的浏览器中下载后使用。

◉ 在线服务，疑难解答，方便老师定制教学教案

　　本套丛书精心创建的技术交流 QQ 群(101617400)为读者提供便捷的在线交流服务和免费教学资源。老师也可以登录本丛书支持网站(http://www.tupwk.com.cn/edu)下载图书对应的教学课件。

二、读者定位和售后服务

　　本套丛书为所有从事计算机教学的老师和自学人员而编写，是一套适合于大中专院校、职业院校及各类社会培训学校的优秀教材，也可作为计算机初、中级用户和计算机爱好者学习计算机知识的自学参考书。

　　为了方便教学，本套丛书提供精心制作的电子课件、素材、源文件、习题答案等相关内容，可在网站上免费下载，也可发送电子邮件至 22800898@qq.com 索取。

　　此外，如果读者在使用本系列图书的过程中遇到疑惑或困难，可以在丛书支持网站(http://www.tupwk.com.cn/edu)的互动论坛上留言，本丛书的作者或技术编辑会及时提供相应的技术支持。咨询电话：010-62796045。

《计算机组装与维护实例教程(第四版)(微课版)》是这套丛书中的一本，该书从教学实际需求出发，合理安排知识结构，由浅入深、循序渐进地讲解计算机组装与维护的基本知识、方法和技巧。全书共分 11 章，主要内容如下：

第 1 章和第 2 章介绍计算机的基础知识以及计算机硬件的选购常识。

第 3 章介绍计算机各部分硬件的功能和组装方法。

第 4 章和第 5 章介绍设置主板 BIOS 和安装操作系统。

第 6 章介绍安装驱动并检测硬件的操作方法及技巧。

第 7 章介绍操作系统和常用软件的操作方法及技巧。

第 8 章介绍计算机的优化设置。

第 9 章介绍计算机网络设置。

第 10 章介绍计算机的安全维护。

第 11 章介绍如何排除常见的计算机故障。

本书图文并茂、条理清晰、通俗易懂、内容丰富，在讲解每个知识点时都配有相应的实例，方便读者上机实践。同时，为了方便老师教学，我们免费提供本书对应的电子课件、实例源文件和习题答案供下载。

👉 **本书配套素材和教学课件的下载地址**

http://www.tupwk.com.cn/edu

👉 **本书同步教学视频的二维码**

扫一扫，看视频

扫码推送配套资源到邮箱

该书共 11 章，黑河学院的夏魁良编写了第 1、3、10、11 章，于光华编写了第 2、4、7、9 章，李岩编写了第 5、6、8 章。由于作者水平所限，本书难免有不足之处，欢迎广大读者批评指正。我们的邮箱是 huchenhao@263.net，电话是 010-62796045。

编　者

推荐课时安排

章　名	重点掌握内容	教学课时
第 1 章　计算机基础知识	熟悉计算机的分类、主要的内外部硬件设备、计算机的软件分类	2 学时
第 2 章　计算机硬件选购常识	选购 CPU、主板、内存、硬盘、显卡、光驱、电源、机箱、显示器、键盘、鼠标等硬件的常识	3 学时
第 3 章　组装计算机	组装准备、安装计算机主机配件、连接数据线和电源线、连接控制线、连接计算机外部设备	4 学时
第 4 章　主板 BIOS 设置	BIOS 设置须知、常用 BIOS 设置、BIOS 自检报警声的含义	3 学时
第 5 章　安装操作系统	硬盘分区与格式化、安装 Windows 7 操作系统、安装 Windows 10 操作系统	3 学时
第 6 章　安装驱动并检测硬件	安装硬件驱动程序、管理硬件驱动程序、查看计算机硬件参数、检测计算机硬件性能	3 学时
第 7 章　操作系统和常用软件	Windows 7 的桌面、窗口和对话框、安装和卸载软件、常用软件操作	5 学时
第 8 章　计算机的优化设置	优化 Windows 系统、优化磁盘、优化系统文档、使用系统优化软件	3 学时
第 9 章　计算机网络设置	有线网络设备、无线网络设备、计算机上网方式、组建局域网	5 学时
第 10 章　计算机安全维护	维护计算机硬件设备、维护计算机软件系统、备份数据和系统	3 学时
第 11 章　排除常见计算机故障	分析常见的计算机故障、处理操作系统故障、处理计算机的硬件故障	3 学时

注：1. 教学课时安排仅供参考，授课教师可根据情况作调整。

2. 建议每章安排与教学课时相同时间的上机练习。

计算机基础与实训教程系列

第1章

计算机基础知识

在掌握计算机的组装与维护技能之前，应首先了解计算机的基础知识，例如计算机的外观、用途、硬件结构和软件分类等。本章作为全书的开端，将重点介绍计算机的基础知识。

本章重点

- 计算机的分类
- 计算机的硬件
- 计算机的用途
- 计算机的软件

1.1 计算机简介

　　计算机俗称"电脑"，由早期的电动计算器发展而来，是一种能够按照程序运行，自动、高速处理海量数据的现代化智能电子设备。下面将对计算机的外观、用途、分类和常用术语进行详细介绍，帮助用户对计算机建立比较清晰的认识。

1.1.1 认识计算机

　　计算机由硬件与软件组成，没有安装任何软件的计算机被称为"裸机"。常见的计算机型号有台式计算机、笔记本电脑和平板电脑等(本书将着重介绍台式计算机的组装与维护)，其中台式计算机从外观上看，由显示器、主机、键盘、鼠标等几个部分组成。

　　计算机的各主要设备如下。

▽ 显示器：显示器是计算机的 I/O 设备，即输入输出设备，可以分为 LCD、LED 显示器等多种类型(目前市场上常见的显示器多为 LCD 显示器，即液晶显示器，如图 1-1 所示)。

▽ 主机：主机指的是计算机除去输入输出设备以外的主要机体部分。它是用于放置主板以及其他计算机主要部件(主板、内存、CPU 等设备)的控制箱体，如图 1-2 所示。

图 1-1　显示器

图 1-2　主机

▽ 键盘：键盘是计算机用于操作设备运行的一种指令和数据输入装置，是计算机最重要的输入设备之一，如图 1-3 所示。

▽ 鼠标：鼠标是计算机用于显示操作系统纵横坐标定位的指示器，因其外观形似老鼠而被称为"鼠标"，如图 1-4 所示。

图 1-3　键盘

图 1-4　鼠标

1.1.2　计算机的分类

计算机经过数十年的发展，出现了多种类型，例如台式计算机、平板电脑、笔记本电脑等。下面将分别介绍不同种类计算机的特点。

1. 台式计算机

台式计算机出现最早，也是目前最常见的计算机，其最大的优点是耐用并且价格实惠(与平板电脑和笔记本电脑相比)，缺点是笨重，并且耗电量较大。常见的台式计算机一般分为一体式计算机与分体式计算机两种，其各自的特点如下。

▽　分体式计算机：分体式计算机即一般常见的台式计算机，图 1-5 所示的为一台典型的分体式计算机。

▽　一体式计算机：一体式计算机又称为一体机，是一种将主机、显示器甚至键盘和鼠标都整合在一起的新形态计算机，其产品的创新在于计算机内部元件的高度集成，如图 1-6 所示。

图 1-5　分体式计算机　　　　　　　　　　图 1-6　一体式计算机

2. 笔记本电脑

笔记本电脑(简称 NoteBook)又被称为手提电脑或膝上电脑(简称 Laptop)，是一种小型的、可随身携带的个人计算机。笔记本电脑通常重 1~3 公斤，其发展趋势是体积越来越小，重量越来越轻，而功能却越来越多，如图 1-7 所示。

3. 平板电脑

平板电脑(简称 Tablet PC)是一种小型、方便携带的个人计算机，一般以触摸屏作为基本的输入设备，其外观如图 1-8 所示。平板电脑的主要特点是显示器可以随意旋转，并且都是触摸液晶显示屏(有些产品可以用电磁感应笔手写输入)。

图 1-7　笔记本电脑

图 1-8　平板电脑

1.1.3　计算机的用途

如今，计算机已经成为家庭生活与企业办公中必不可少的工具之一，其用途非常广泛，几乎渗透到人们日常活动的各个方面。对于普通用户而言，计算机的常用用途主要包括文件管理、计算机办公、视听播放、网上冲浪以及游戏娱乐等几个方面。

▽ 计算机办公：随着计算机的逐渐普及，目前几乎所有的办公场所都使用计算机，尤其是一些从事金融投资、动画制作、广告设计等行业的单位，更是离不开计算机的协助。计算机在办公操作中的用途很多，例如制作办公文档、财务报表、3D 效果图等，如图 1-9 所示。

▽ 互联网应用：计算机接入互联网后，可以为用户带来更多的便利，例如可以在网上看新闻、下载资源、网上购物、浏览微博等。而这一切只是人们使用计算机上网的最基本应用而已，随着 Web 2.0 时代的到来，更多的计算机用户可以通过 Internet 相互联系，不仅仅是在互联网上冲浪，同时每一个用户也可以成为波浪的制造者。

▽ 文件管理：计算机可以帮助用户更加轻松地掌握并管理各种电子化的数据信息，例如各种电子表格、文档、联系信息、视频资料以及图片文件等。通过操作计算机，不仅可以方便地保存各种资源，还可以随时在计算机中调出并查看自己所需的内容。

▽ 视听播放：听音乐和看视频是计算机最常用的功能。计算机拥有很强的兼容能力，使用计算机的视听播放功能，不仅可以播放各种 DVD、CD、MP3、MP4 音乐与视频，还可以播放一些特殊格式的音乐或视频文件。因此，很多家庭计算机已经逐步代替客厅中的影音播放机，组成更强大的视听家庭影院。

▽ 游戏娱乐：计算机游戏是指在计算机上运行的游戏软件，这种软件是一种具有娱乐功能的计算机软件。计算机游戏为游戏参与者提供了一个虚拟的空间，从一定程度上让人可以摆脱现实世界，在另一个世界中扮演真实世界中扮演不了的各种角色。同时计算机多媒体技术的发展，使游戏给了人们很多体验和享受，如图 1-10 所示。

图 1-9　计算机办公

图 1-10　游戏娱乐

1.2　计算机的硬件分类

　　计算机由硬件与软件组成,其中硬件包括构成计算机的主要内部硬件设备与常用外部设备两种，本节将分别介绍这两类计算机硬件设备的外观和功能。

1.2.1　主要内部硬件设备

　　计算机的主要内部硬件设备包括主板、CPU、内存、硬盘、显卡、电源、机箱、光驱等，各自的外观与功能如下。

1. 主板

　　计算机的主板是计算机主机的核心配件，它被安装在机箱内。主板的外观一般为矩形的电路板，其上安装了组成计算机的主要电路系统，一般包括芯片组(chipset)、扩展槽、硬盘、USB、显示器键盘和面板控制开关接口等，如图 1-11 所示。

图 1-11　主板

> **提示**
>
> 计算机的主板采用了开放式结构。主板上大都有 6 至 15 个扩展插槽，供计算机外围设备的控制卡(适配器)插接。通过更换这些插卡，用户可以对计算机的相应子系统进行局部升级。

2. CPU

CPU 是计算机解释和执行指令的部件，它控制整个计算机系统的操作。因此，CPU 也被称作计算机的"心脏"，如图 1-12 所示。

CPU 被安装在主板的 CPU 插槽中，由运算器、控制器和高速缓冲存储器以及实现它们之间联系的数据、控制及状态总线构成，其运作原理大致可分为提取(Fetch)、解码(Decode)、执行(Execute)和写回(Writeback)四个阶段。

图 1-12　CPU

> **提示**
>
> CPU 从存储器或高速缓冲存储器中取出指令，放入指令寄存器，对指令译码并执行指令。所谓计算机的可编程性，主要是指对 CPU 的编程。

3. 内存

内存(Memory)也被称为主存储器，是计算机中重要的部件之一，它是与 CPU 进行沟通的桥梁，其作用是暂时存放 CPU 中的运算数据，以及与硬盘等外部存储器交换的数据。内存被安装在主板的内存插槽中，其运行情况决定了计算机能否稳定运行，如图 1-13 所示。

图 1-13　内存

内存是暂时存储程序以及数据的地方。例如，用户使用 Word 处理文稿，当在键盘上敲入字符时，这些字符就被存入内存；当用户在 Word 中选择【文件】|【保存】命令存盘时，内存中的数据才会被存入硬盘。

4. 硬盘

硬盘是计算机的主要存储媒介之一，传统的机械硬盘由一个或多个铝制或玻璃制的碟片组成。这些碟片外覆盖有铁磁性材料，如图 1-14 的左图所示。绝大多数硬盘都是固定硬盘，被永久性地密封固定在硬盘驱动器中。硬盘一般被安装在机箱的驱动器支架内，通过数据线与计算机主板相连。

此外，固态硬盘最近发展也很快，固态硬盘是用固态电子存储芯片阵列而制成的硬盘，由控制单元和存储单元(Flash 芯片、DRAM 芯片)组成，如图 1-14 的右图所示。固态硬盘具有传统机械硬盘不具备的快速读写、质量轻、能耗低以及体积小等特点，不过价格仍较为昂贵，容量较低，一旦硬件损坏，数据较难恢复。

图 1-14　机械硬盘和固态硬盘

5. 显卡

显卡的全称为显示接口卡(video card 或 graphic card)，又称为显示适配器，它是计算机最基本的配件之一，如图 1-15 所示。显卡被安装在计算机主板的 PCI Express(或 AGP、PCI)插槽中，也有的一体化集成在主板上，其用途是对计算机系统所需的显示信息进行转换驱动，并向显示器提供行扫描信号，控制显示器的正确显示。

图 1-15　显卡

提示

显卡一般分为集成显卡和独立显卡。由于显卡性能的不同，对于显卡的要求也不一样。独立显卡实际上分为两类：一类是专门为游戏设计的娱乐显卡，另一类则是用于绘图和3D渲染的专业显卡。

6. 机箱

机箱作为计算机配件的一部分，其主要功能是放置和固定各种计算机配件，起到承托和保护作用，如图 1-16 所示。机箱也可以被看作计算机主机的"房子"，它由金属钢板和塑料面板制成，为电源、主板、各种扩展板卡、光盘驱动器、硬盘驱动器等存储设备提供安装空间，并通过机箱内的支架、各种螺丝或卡子、夹子等连接件将这些零部件牢固地固定在机箱内部，形成一台主机。

图 1-16 机箱

提示

设计精良的机箱会提供方便的 LED 显示灯以供维护者及时了解机器情况，前置 USB 接口之类的小设计也会极大地方便使用者。同时，有的机箱提供前置冗余电源的设计，使得电源维护也更方便。

7. 电源

电源的功能是把 220V 的交流电转换成直流电，并专门为计算机配件(主板、驱动器等)供电，电源是为计算机各部件供电的枢纽，也是计算机的重要组成部分，如图 1-17 所示。

计算机开关电源的转换效率通常为 70%~80%，功率较大。开机后热量积聚在电源中如不及时散发，会使电源局部温度过高，从而对电源造成损害。因此，任何电源内部都包含散热装置。

图 1-17　电源

8. 光驱

光驱是计算机用来读写光碟内容的设备，也是台式计算机中较常见的一个部件，如图 1-18 所示。随着多媒体的应用越来越广泛，使得光驱在大部分计算机中已经成为标准配置。目前，市场上常见的光驱可分为 CD-ROM、DVD-ROM(DVD 光驱)和刻录机等。

图 1-18　光驱

1.2.2　主要外部硬件设备

计算机的外部设备主要包括键盘、鼠标、显示器、打印机、摄像头、移动存储设备、耳机、耳麦和麦克风、音箱等，下面将对它们分别进行介绍。

1. 键盘

键盘(如图 1-19 所示)是一种可以把文字信息和控制信息输入计算机的设备，由英文打字机键盘演变而来。台式计算机的键盘一般使用 PS/2 或 USB 接口与计算机主机相连，此外，使用蓝牙等无线键盘也逐渐普及起来。

图 1-19　键盘

提示

　　键盘的作用是记录用户的按键信息，并通过控制电路将该信息送入计算机，从而实现将字符输入计算机的目的。目前市面上的键盘，无论是何种类型，信号产生原理都基本相同。

2. 鼠标

　　鼠标的标准称呼应该是"鼠标器"，其外观如图 1-20 所示。鼠标的使用是为了使计算机的操作更加简便，从而代替烦琐的键盘指令。台式计算机所使用的鼠标与键盘一样，一般采用 PS/2 或 USB 接口与计算机主机相连，此外，蓝牙等无线鼠标也逐渐普及起来。

图 1-20　鼠标

3. 显示器

　　显示器通常也称为监视器，是一种将一定的电子文件通过特定的传输设备显示到屏幕上，再反射到人眼的显示工具，如图 1-21 所示。目前常见的显示器均为 LCD 液晶显示器。

图 1-21　显示器

显示器是与计算机交流的窗口，选购一台好的显示器可以大大降低使用计算机时的疲劳感。目前，LCD 显示器凭借高清晰、高亮度、低功耗、体积较小及影像显示稳定等优势，成为市场的主流。

4. 打印机

打印机是计算机的输出设备之一，其作用是将计算机的处理结果打印在相关介质上。打印机是最常见的计算机外部设备之一，其外观如图 1-22 所示。按所采用的技术，分柱形、球形、喷墨式、热敏式、激光式、静电式、磁式、发光二极管式等类型。

图 1-22　打印机

打印机是一种能够将计算机的运算结果或中间结果以人所能识别的数字、字母、符号和图形等，依照规定的格式输出到纸上的设备，正向轻、薄、短、小、低功耗、高速度和智能化方向发展。

5. 摄像头

摄像头又称为计算机相机、计算机眼等，是一种视频输入设备，被广泛地运用于视频会议、远程医疗及实时监控等方面，如图 1-23 所示。

图 1-23　摄像头

计算机基础与实训教程系列

> **提示**
>
> 用户可以彼此通过摄像头在网络上进行有影像、有声音的交谈和沟通。另外，还可以将其用于当前各种流行的数码影像或影音处理。

6. 移动存储设备

移动存储设备指的是便携式的数据存储装置，此类设备带有存储介质且自身具有读写介质的功能，不需要(或很少需要)其他设备(如计算机)的协助。现代的移动存储设备主要有移动硬盘、U盘(闪存盘)和各种记忆卡(存储卡)等，如图1-24所示。

移动硬盘　　　　　　　　U盘　　　　　　　　存储卡

图1-24　移动存储设备

> **提示**
>
> 在所有移动存储设备中，移动硬盘可以提供相当大的存储容量，是一种性价比较高的移动存储产品。

7. 耳机、耳麦和麦克风

耳机是使用计算机听音乐、玩游戏或看电影必不可少的设备，如图1-25所示。它能够从声卡中接收音频信号，并将其还原为真实的音乐。

耳麦是耳机与麦克风的整合体，如图1-26所示。它不同于普通的耳机，普通耳机往往是立体声的，而耳麦多是单声道的。

图1-25　耳机　　　　　　　　　图1-26　耳麦

麦克风的学名为传声器，是一种能够将声音信号转换为电信号的能量转换器件，由英文 Microphone 翻译而来(也称话筒、微音器)。在将麦克风配合计算机使用时，可以向计算机中输入音频(录音)，或者通过一些专门的语音软件与远程用户进行网络语音对话，如图 1-27 所示。

图 1-27　麦克风

提示

耳机、耳麦与麦克风一般与安装在计算机主板上的音频接口相连，大部分台式机的音频接口在计算机主机背后的机箱面板上，但也有部分计算机，其主机前面板上安装有前置音频接口。

8. 音箱

音箱是最为常见的计算机音频输出设备，由多个带有喇叭的箱体组成。目前，音箱的种类和外形多种多样，常见音箱的外观如图 1-28 所示。

图 1-28　音箱

1.2.3　计算机五大部件

计算机系统由硬件系统与软件系统组成，其中计算机的硬件系统由运算器、控制器、存储器、输入设备与输出设备 5 大部件组成。

▽ 输入设备：用于向计算机输入各种原始数据和程序的设备称为输入设备。计算机用户可以通过输入设备将各种形式的信息，如数字、文字、图像等转换为数字形式的"编码"，即计算机能够识别的用1和0表示的二进制代码(实际上是电信号)，并把它们"输入"(Input)到计算机内存储起来。键盘是计算机必备的输入设备，其他常用的输入设备还有鼠标、图形输入板、视频摄像机等。

▽ 存储器：存储器(Memory)是计算机硬件系统中的记忆设备，用于存放程序和数据。计算机中全部的信息，包括输入的原始数据、程序、中间运行结果和最终运行结果都保存在存储器中。存储器根据控制器指定的位置存入和取出信息。有了存储器，计算机才有记忆功能，才能保证正常工作。存储器按用途可分为主存储器(内存)和辅助存储器(外存)两种。其中，外存通常是指磁性介质或光盘等能长期保存数据信息的设备，而内存则指的是主板上的存储部件，用于存放当前正在执行的数据和程序，但内存仅用于暂时存放程序和数据。若关闭计算机电源，内存中保存的数据将会丢失。

▽ 运算器：运算器又称为算数逻辑部件，简称 ALU，是计算机用于进行数据运算的部件。数据运算包括算数运算和逻辑运算，后者常被忽视，但正是逻辑运算使计算机能进行因果关系分析。一般运算器都具有逻辑运算能力。

▽ 控制器：控制器是计算机的指挥系统，计算机在控制器的控制下有条不紊地协调各种工作。控制器通过地址访问存储器，逐条取出选中单元的指令，然后分析指令，根据指令产生相应的控制信号并作用于其他各个部件，控制其他部件完成指令要求的操作。上述过程周而复始，保证计算机能自动、连续地工作。CPU 与存储器和输入输出设备又合称为计算机的四大核心部件。

▽ 输出设备：输出设备正好与输入设备相反，是用于输出结果的部件。输出设备必须能以人们所能接受的形式输出信息，如以文字、图形的形式在显示器上输出。除显示器外，常用的输出设备还有音箱、打印机、绘图仪等。

1.3 计算机的软件分类

计算机的软件由程序和有关文档组成，其中程序是指令序列的符号表示，文档则是软件开发过程中建立的技术资料。程序是软件的主体，一般保存在存储介质(如硬盘或光盘)中，以便在计算机中使用。

1.3.1 操作系统软件

操作系统是一款管理计算机硬件与软件资源的程序，同时也是计算机系统的内核与基石。操作系统是一款庞大的管理控制程序，包括 5 方面的管理功能：进程与处理机管理、作业管理、存储管理、设备管理、文件管理。操作系统是管理计算机全部硬件资源、软件资源、数据资源、控制程序运行并为用户提供操作界面的系统软件的集合。目前，操作系统的主要类型包括微软的 Windows、苹果的 Mac OS 以及 UNIX、Linux 等。这些操作系统所适用的用户也不尽相同，计算机用户可以根据自己的实际需要选择不同的操作系统，下面将分别对这几种操作系统进行简单介绍。

1. Windows 7 操作系统

Windows 7 是由微软公司开发的一款操作系统，如图 1-29 所示。该操作系统旨在让人们的日常计算机操作更加简单和快捷，为人们提供高效易行的工作环境。Windows 7 操作系统和以前版本的操作系统相比，具有很多优点：更快的速度和更高的性能，更个性化的桌面，更强大的多媒体功能，Windows Touch 带来极致触摸操控体验，Home Groups 和 Libraries 简化局域网共享，全面革新的用户安全机制，超强的硬件兼容性，革命性的工具栏设计，等等。

图 1-29　Windows 7 操作系统

> **提示**
>
> Windows 7 操作系统为满足不同用户群体的需要，开发了 6 个版本，分别是 Windows 7 Starter(简易版)、Windows 7 Home Basic(家庭基础版)、Windows 7 Home Premium(家庭高级版)、Windows 7 Professional(专业版)、Windows 7 Enterprise(企业版)、Windows 7 Ultimate(旗舰版)。

2. Windows 10 操作系统

Windows 10 是由微软公司研发的跨平台及设备应用的操作系统，如图 1-30 所示，是微软发布的最后一个独立 Windows 版本。Windows 10 共有家庭版、专业版、企业版、教育版、移动版、移动企业版和物联网核心版 7 个版本，分别面向不同用户和设备。Windows 10 提供了针对触控屏设备优化的功能，同时还提供了专门的平板电脑模式，"开始"菜单和应用都将以全屏模式运行。Windows 10 新增的 Windows Hello 功能将带来一系列对生物识别技术的支持。除了常见的指纹扫描之外，系统还能通过面部或虹膜扫描来让用户进行登入。

图 1-30　Windows 10 操作系统

3. Windows Server 操作系统

Windows Server 是微软的一款服务器操作系统，使用 Windows Server 可以使 IT 专业人员对服务器和网络基础结构的控制能力更强。Windows Server 通过加强操作系统和保护网络环境提高了系统的安全性，通过加快 IT 系统的部署与维护，使服务器和应用程序的合并与虚拟化更加简单，同时为用户特别是 IT 专业人员提供了直观、灵活的管理工具。

在最新的 Windows Server 2016 系统中，微软官方发布了许多新的功能和特性，但是在用户组策略方面却与以前的系统版本没有大的变化。尽管微软公司在 Windows Server 2016 和 Windows 10 中引入了一些特殊的组策略功能，但是整个组策略架构仍没有改变。图 1-31 所示为 Windows Server 2016 操作系统。

图 1-31　Windows Server 2016 操作系统

4. Mac OS 操作系统

Mac OS 是一种运行于苹果 Macintosh 系列计算机上的操作系统，如图 1-32 所示。Mac OS 是首款在商用领域成功的图形用户界面操作系统。现有的最新系统版本是 OS X 10.14，并且网上也有在 PC 上运行的 Mac 系统，简称 Mac PC。

计算机基础与实训教程系列

图 1-32　Mac OS 操作系统

Mac OS 操作系统具有以下 4 个特点。

▽ 全屏模式：全屏模式是 Mac OS 操作系统中最为重要的功能。所有应用程序均可以在全屏模式下运行。这并不意味着窗口模式将消失，而是表明在未来有可能实现完全的网格计算。iLife 11 的用户界面也表明了这一点。这种用户界面将极大简化计算机的使用，减少多个窗口带来的困扰。它将使用户获得与 iPhone、iPod touch 和 iPad 用户相同的体验。

▽ 任务控制：任务控制整合了 Dock 和控制面板，并能够以窗口和全屏模式查看各种应用。

▽ 快速启动面板：Mac OS 操作系统的快速启动面板的工作方式与 iPad 完全相同。它以类似于 iPad 的用户界面显示计算机中安装的一切应用，并通过 Mac App Store 进行管理。用户可滑动鼠标，在多个应用图标界面间切换。

▽ Mac App Store 应用商店：Mac App Store 的工作方式与 iOS(iPhone OS)系统的 App Store 完全相同。它们具有相同的导航栏和管理方式。这意味着，无须对应用进行管理。当用户从应用商店购买一个应用后，Mac 计算机会自动将它安装到快速启动面板中。

5. Linux 操作系统

Linux 这个词本身只表示 Linux 内核，但人们已经习惯了用 Linux 来形容整个基于 Linux 内核的操作系统。Linux 是一套免费使用和自由传播的类 Unix 操作系统，能运行主要的 UNIX 工具软件、应用程序和网络协议，是基于 POSIX 和 UNIX 的多用户、多任务、支持多线程和多 CPU 的操作系统。Linux 支持 32 位和 64 位硬件，Linux 继承了 UNIX 以网络为核心的设计思想，是性能稳定的多用户网络操作系统，如图 1-33 所示。

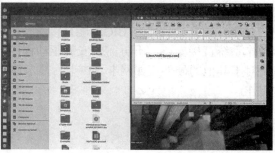

图 1-33　Linux 操作系统

计算机基础与实训教程系列

Linux 操作系统诞生于 1991 年 10 月 5 日(正式向外公布时间)。Linux 有着许多不同的版本，但都使用了 Linux 内核。Linux 可以安装在各种计算机的硬件设备中，比如台式计算机、平板电脑、路由器、手机、视频游戏控制台、大型机和超级计算机。

1.3.2 语言处理软件

人们用计算机解决问题时，必须用某种"语言"和计算机进行交流。具体而言，就是利用某种计算机语言来编写程序，然后让计算机执行我们编写的程序，从而让计算机完成特定的任务。目前主要有 3 种程序设计语言，分别是机器语言、汇编语言和高级语言。

▽ 机器语言：机器语言是用二进制代码指令表示的计算机语言，其指令是用 0 和 1 组成的一串代码，它们有一定的位数，并分成若干段，各段的编码表示不同的含义。例如，某计算机字长为 16 位，表示由 16 个二进制数组成一条指令或其他信息。16 个 0 和 1 可组成各种排列组合，通过线路变成电信号，让计算机执行各种不同的操作。

▽ 汇编语言：汇编语言(Assembly Language)是一种面向机器的程序设计语言。在汇编语言中，用助记符(Memonic)代替操作码，用地址符号或标号代替地址码。如此，用符号代替机器语言的二进制代码，就可以把机器语言转变成汇编语言。

▽ 高级语言：由于汇编语言过分依赖于硬件体系，并且其助记符量大难记，于是人们又发明了更加易用的高级语言。这种语言的语法和结构类似于普通英文，并且由于远离对硬件的直接操作，使得普通用户经过学习之后都可以编程。

1.3.3 驱动程序

驱动程序的英文名为 Device Driver，全称为"设备驱动程序"，是一种可以使计算机和设备通信的特殊程序，可以说相当于硬件的接口。操作系统只有通过这种接口，才能控制硬件设备的工作，假如某设备的驱动程序未能正确安装，硬件设备便不能正常工作。因此，驱动程序被誉为"硬件的灵魂""硬件的主宰""硬件和系统之间的桥梁"等。

硬件如果缺少了驱动程序的"驱动"，那么本来性能非常强大的硬件就无法根据软件发出的指令进行工作，硬件就空有一身本领，毫无用武之地。从理论上讲，所有的硬件设备都需要安装相应的驱动程序才能正常工作。但像 CPU、内存、主板、键盘、显示器等设备却并不需要安装相应的驱动程序就能正常工作。这是因为这些硬件对于一台个人计算机来说是必需的，所有早期的设计人员将这些列为 BIOS 能直接支持的硬件。换言之，上述硬件安装后就可以被 BIOS 和操作系统直接支持，不再需要安装驱动程序。从这个角度来说，BIOS 也是一种驱动程序。但是对于其他的硬件，如网卡、声卡、显卡等，却必须安装驱动程序，不然这些硬件就无法正常工作。

1.3.4 系统服务程序

系统服务程序是指一些运行在后台的操作系统应用程序，它们通常会随着操作系统的启动而自动运行，以便在需要的时候提供系统服务支持。系统服务一般在后台运行。与用户运行的程序相比，系统服务不会出现在程序窗口或对话框中，只有在任务管理器中才能观察到它们。

　　系统服务程序包括监控程序、检测程序、调用编译程序、连接装配程序、调试程序等。系统服务程序和普通的后台应用程序(例如病毒防火墙)非常相似，其中最主要的区别是系统服务程序随操作系统一起安装并作为系统的一部分提供单机或网络服务。

1.3.5　应用软件

　　所谓应用软件，是指除了系统软件以外的所有软件，它们是用户利用计算机及其提供的系统软件为解决各种实际问题而编写的计算机程序。由于计算机已渗透到各个领域，因此，应用软件也是多种多样的。目前，常见的应用软件包括各种用于科学计算的程序包、各种字处理软件、信息管理软件、计算机辅助设计教学软件、实时控制软件和各种图形软件等。下面列举几种应用软件。

1. 用户程序

　　用户程序是用户为了解决特定的具体问题而开发的软件。编写用户程序时应充分利用计算机系统的各种现有软件，在系统软件和应用软件的支持下可以更方便、有效地研制用户专用程序，例如火车站或汽车站的票务管理系统、人事管理部门的人事管理系统、财务部门的财务管理系统等，如图 1-34 所示。

2. 办公类软件

　　办公类软件主要指用于文字处理、电子表格制作、幻灯片制作等应用的软件，如微软公司的 Word、Excel、PowerPoint 软件等，如图 1-35 所示。

图 1-34　人事管理系统

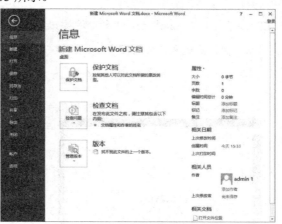

图 1-35　Word 软件

3. 图像处理软件

　　图像处理软件主要用于编辑或处理图形图像文件，被应用于平面设计、三维设计、影视制作等领域，如 Photoshop、CorelDRAW、会声会影、美图秀秀等，如图 1-36 所示。

計算機基礎與實訓教程系列

4．媒体播放软件

媒体播放软件是指计算机中用于播放多媒体的软件，包括网页、音乐、视频和图片，如Windows Media Player、迅雷看看、暴风影音等，如图1-37所示。

图1-36　Photoshop

图1-37　暴风影音

1.4　实例演练

本章的实例演练主要练习开关机的操作，使用户更好地掌握开关机的正确方法，以免计算机遭受不必要的损害。

【例1-1】 练习开关机。

(1) 在检查计算机显示器和主机的电源是否插好后，确定电源插板已通电，然后按下显示器上的电源按钮，打开显示器，如图1-38所示。

(2) 按下计算机主机前面板上的电源按钮，此时主机前面板上的电源指示灯将会变亮，计算机随即将被启动，执行系统开机自检程序，如图1-39所示。

图1-38　打开显示器

图1-39　启动主机

(3) 在启动过程中，计算机会进行自检并进入操作系统，屏幕显示如图1-40所示。

图 1-40　开始启动 Windows 7

(4) 如果系统设置有密码，则需要输入密码，如图 1-41 所示。

(5) 输入密码后，按下 Enter 键，稍后即可进入系统桌面，如图 1-42 所示。

图 1-41　输入密码　　　　　　　　　　　图 1-42　进入系统桌面

(6) 要关闭计算机，在系统桌面上单击【开始】按钮，在弹出的【开始】菜单中单击【关机】按钮，如图 1-43 所示。

(7) 此时，将开始关闭操作系统，如图 1-44 所示。

图 1-43　单击【关机】按钮　　　　　　　图 1-44　正在关机

（8）如果有更新，则会自动安装更新文件，安装完毕后会自动关闭系统，如图 1-45 所示。

图 1-45　更新后关机

（9）在使用计算机的过程中，有时会遇到问题需要重新启动计算机。单击【开始】按钮，在【关机】按钮旁有 ▶ 按钮，单击后弹出下拉菜单，选择其中的【重新启动】命令即可，如图 1-46 所示。

（10）重启计算机后，重新进入系统时仍需要输入密码，如图 1-47 所示。

图 1-46　选择【重新启动】命令

图 1-47　输入密码

1.5　习题

1. 计算机有哪些用途和分类？
2. 计算机的主要内部硬件设备有哪些？
3. 计算机的软件主要有哪几类？

第 2 章

计算机硬件选购常识

　　计算机的硬件设备是计算机的基础，本章将通过介绍计算机各部分硬件的选购常识与要点，详细讲解获取计算机硬件技术信息，分析硬件性能指标以及识别硬件物理结构的方法，帮助用户进一步掌握计算机硬件的相关知识。

本章重点

- ● 计算机各部分硬件简介
- ● 硬件的性能指标
- ● 硬件结构
- ● 硬件的选购常识

2.1 选购 CPU

CPU 主要负责接收与处理外界的数据信息，然后将处理结果传送到正确的硬件设备。它是各种运算和控制的核心，本节将介绍在选购 CPU 时，用户应了解的相关知识。

2.1.1 CPU 简介

CPU(中央处理器，Central Processing Unit)是一块超大规模的集成电路，是一台计算机的运算核心和控制核心，主要包括运算器(ALU，Arithmetic and Logic Unit)和控制器(CU，Control Unit)两大部件。此外，还包括若干寄存器和高速缓冲存储器以及实现它们之间联系的数据、控制及状态总线。CPU 与存储器和输入输出设备合称为计算机的四大核心部件。

1. 常见类型

目前，市场上常见的 CPU 主要分为 Intel 品牌和 AMD 品牌的两种，其中 Intel 品牌的 CPU 稳定性较好，AMD 品牌的 CPU 则有较高的性价比。从性能上对比，Intel CPU 与 AMD CPU 的区别如下。

▽ AMD 重视 3D 处理能力，AMD 同档次 CPU 的 3D 处理能力是 Intel CPU 的 120%。AMD CPU 拥有超强的浮点运算能力，让计算机在游戏方面性能突出，如图 2-1 所示。

▽ Intel 更重视的是视频的处理速度，Intel CPU 的优点是优秀的视频解码能力和办公能力，并且重视数学运算。在纯数学运算中，Intel CPU 要比同档次的 AMD CPU 快 35%，并且相对 AMD CPU 来说，Intel CPU 更加稳定，如图 2-2 所示。

图 2-1　AMD 品牌的 CPU

图 2-2　Intel 品牌的 CPU

> 💿 **提示**
>
> 从价格上对比，AMD 由于设计原因，二级缓存较小，所以成本更低。因此，在市场货源充足的情况下，AMD CPU 的价格要比同档次的 Intel CPU 低 10%~20%。

2. 技术信息

随着 CPU 技术的发展，其主流技术不断更新，用户在选购一款 CPU 之前，应首先了解当前市场上各主流型号 CPU 的相关技术信息，并结合自己所选择的主板型号做出最终的选择。

   ▽　双核处理器：双核处理器标志着计算机技术的一次重大飞跃。双核处理器是指在一个处理器上集成两个运算核心，从而提高其计算能力。

   ▽　四核处理器：四核处理器是指基于单个半导体的一个处理器上拥有四个功能一样的处理器核心。换句话说，将四个处理器核心整合到一个运算核心中。四核 CPU 实际上是将两个双核处理器封装在一起。

   ▽　六核处理器：Core i7 980X 是第一款六核 CPU，基于 Intel 最新的 Westmere 架构，采用领先业界的 32nm 制作工艺，拥有 3.33GHz 主频、12MB 三级缓存，并继承了 Core i7 900 系列 CPU 的全部特性。

   ▽　八核处理器：八核处理器针对的是四插槽(four-socket)服务器。每个物理核心均可同时运行两个线程，使得服务器上可提供 64 个虚拟处理核心。

   ▽　十核及十核以上处理器：刚推出的 Core i9 系列处理器采用十核心二十线程设计，一般用于服务器上，家用计算机要使用就必须搭配良好的电源和排热系统。

2.1.2　CPU 的性能指标

CPU 的制作技术不断飞速发展，其性能的好坏已经不能简单地以频率来判断，还需要综合缓存、总线、接口、指令集和制造工艺等指标。下面将分别介绍这些性能指标的含义。

   ▽　主频：主频即 CPU 内部核心工作时的时钟频率(CPU Clock Speed)，单位一般是 GHz。同类 CPU 的主频越高，一个时钟周期里完成的指令数也越多，CPU 的运算速度也就越快。但是由于不同种类的 CPU 内部结构的不同，往往不能直接通过主频来比较，而且高主频 CPU 的实际表现性能还与外频、缓存大小等有关。带有特殊指令的 CPU，则相对程度上依赖软件的优化程度。

   ▽　外频：外频指的是 CPU 的外部时钟频率，也就是 CPU 与主板之间同步运行的速度。目前，绝大部分计算机系统中，外频也是内存与主板之间同步运行的速度，在这种方式下，可以理解为 CPU 的外频直接与内存相连通，实现两者间的同步运行状态。

   ▽　扩展总线速度：扩展总线速度(Expansion Bus Speed)指的就是局部总线的速度，如 VESA 或 PCI 总线。打开计算机主机的时候你会看见一些插槽般的东西，这些就是扩展槽，用于插线外部设备，而扩展总线就是 CPU 联系这些外部设备的桥梁。

   ▽　倍频：倍频为 CPU 主频与外频之比。CPU 主频与外频的关系是：CPU 主频＝外频×倍频。

   ▽　封装类型：随着 CPU 制造工艺的不断进步，CPU 的架构发生了很大的变化，相应的 CPU 针脚类型也发生了变化。目前 Intel 四核 CPU 多采用 LGA 775 封装或 LGA 1366 封装，AMD 四核 CPU 多采用 Socket AM2+封装或 Socket AM3 封装。

   ▽　总线频率：前端总线(FSB)用于将 CPU 连接到北桥芯片。前端总线频率(即总线频率)直接影响 CPU 与内存之间的数据交换速度。得知总线频率和数据位宽可以计算出数据带宽，即数据带宽=(总线频率×数据位宽)/8，数据传输最大带宽取决于所有同时传输的数据的

宽度和传输频率。例如，支持 64 位的至强 Nocona，前端总线是 800MHz，它的数据传输最大带宽是 6.4GB/s。

▽ 缓存：缓存大小也是 CPU 的重要指标之一，而且缓存的结构和大小对 CPU 速度的影响非常大，CPU 缓存的运行频率极高，一般和处理器同频运作，其工作效率远远大于系统内存和硬盘。缓存分为一级缓存(L1 CACHE)、二级缓存(L2 CACHE)和三级缓存(L3 CACHE)。

▽ 制造工艺：制造工艺一般用来衡量组成芯片电子线路或元件的细致程度，通常以μm(微米)和nm(纳米)为单位。制造工艺越精细，CPU 线路和元件就越小，在相同尺寸芯片上就可以增加更多的元器件。这也是 CPU 内部器件不断增加、功能不断增强而体积变化却不大的重要原因。

▽ 工作电压：工作电压是指 CPU 正常工作时需要的电压。低电压能够解决 CPU 耗电过多和发热量过大的问题，让 CPU 能够更加稳定地运行，同时也能延长 CPU 的使用寿命。

提示

一级缓存都内置在 CPU 内部并与 CPU 同速运行，可以有效提高 CPU 的运行效率。一级缓存越大，CPU 的运行效率越高，但受到 CPU 内部结构的限制，一级缓存的容量都很小。二级缓存(L2 CACHE)比一级缓存速度更慢，容量更大，主要用于一级缓存和内存之间数据的临时交换。三级缓存(L3 CACHE)是为读取二级缓存后未命中的数据设计的一种缓存，在拥有三级缓存的 CPU 中，只有约 5%的数据需要从内存中调用，这进一步提高了 CPU 的效率。

2.1.3　CPU 的选购常识

用户在选购 CPU 的过程中，应了解以下常识。

▽ 了解计算机市场上大多数商家有关盒装 CPU 的报价，如果发现个别商家的报价比其他商家的报价低很多，而这些商家又不是 Intel 公司直销点的话，那么最好不要贪图便宜，以免上当受骗。

▽ 对于正宗盒装 CPU 而言，其塑料封纸上的标志水印字迹应工工整整，而不应是横着的、斜着的或倒着的(除非在封装时由于操作原因而将塑料封纸上的字扯成弧形)，并且正反两面的字体差不多都是这种形式，如图 2-3 所示。假冒盒装产品往往正面字体比较工整，而反面字体歪斜。

▽ Intel CPU 的产品标签上都有一串很长的编码。拨打 Intel 的查询热线 8008201100，并把这串编码告诉 Intel 的技术服务员，技术服务员会查询该编码。若 CPU 上的序列号、包装盒上的序列号、风扇上的序列号，都与 Intel 公司数据库中的记录一样，则为正品 CPU。此外，正品盒装 CPU 的标签字体清晰，没有丝毫模糊的感觉；右上角的钥匙标志可以随观察角度的不同而改变颜色，由"蓝"到"紫"进行颜色的变化，激光防伪区与产品标签为一体印刷，中间没有断开，如图 2-4 所示。

▽ 用户可以运行某些特定的检测程序来检测 CPU 是否已经被作假(超频)。Intel 公司推出了一款名为"处理器标识实用程序"的 CPU 测试软件。这个软件包括 CPU 频率测试、CPU 所支持技术测试以及 CPU ID 数据测试共 3 部分功能。

图 2-3　盒装 CPU 正面　　　　　　　　　图 2-4　盒装 CPU 标签

2.2　选购主板

由于计算机中所有的硬件设备及外部设备都通过主板与 CPU 连接在一起进行通信,其他计算机硬件设备必须与主板配套使用,因此在选购硬件时,应首先确定要使用的主板。本节将介绍在选购主板时,用户应了解的几个问题,包括主板的常见类型、硬件结构、性能指标等。

2.2.1　主板简介

主板又称为主机板(mainboard)、系统板或母版,它能够提供一系列接合点,供处理器(CPU)、显卡、声卡、硬盘、存储器以及其他对外设备接合(这些设备通常直接插入有关插槽,或用线路连接)。本节将通过介绍常见类型和主流技术信息,帮助用户初步了解有关主板的基础知识。

1. 常见类型

主板按其结构分类,可以分为 AT、ATX、Baby-AT、Micro ATX、LPX、NLX、Flex ATX、EATX、WATX 以及 BTX 等几种,其中常见的类型如下。

▽ ATX 主板:ATX(AT Extended)结构是一种改进型的 AT 主板,对主板上元件的布局做了优化,有更好的散热性和集成度,需要配合专门的 ATX 机箱使用,如图 2-5 所示。

▽ Micro ATX 主板:Micro ATX 是依据 ATX 规格改进而成的一种标准。Micro ATX 主板降低了主板硬件的成本,并减少了计算机系统的功耗,如图 2-6 所示。

图 2-5　ATX 主板　　　　　　　　　图 2-6　Micro ATX 主板

▽ BTX 主板：BTX 结构的主板支持窄板设计，其系统结构更加紧凑。BTX 结构的主板能够支持目前流行的新总线和接口，如 PCI-Express 和 SATA 等，并且针对散热和气流的运动，以及主板线路的布局进行了优化设计。

2. 技术信息

主板是连接计算机各部分硬件的桥梁，随着芯片组技术的不断发展，应用于主板上的新技术也层出不穷。目前，主板上应用的常见技术包括如下。

▽ PCI Express 2.0 技术：PCI Express 2.0 在 1.0 版本基础上进行了改进，将传输速率提升到了 5Gb/s，传输性能也翻了一番。

▽ USB 3.0 技术：USB 3.0 规范提供了十倍于 USB 2.0 规范的传输速度和更高的节能效率。

▽ SATA 2 接口技术：SATA 2 接口技术的主要特征是外部传输率从 SATA 的 150Mb/s 进一步提高到了 300Mb/s。

▽ SATA 3 接口技术：SATA 3 接口技术可以使数据传输速度达到 6Gb/s，同时向下兼容旧版规范 SATA Revision 2.6。图 2-7 所示为 SATA 2 和 SATA 3 接口。

图 2-7　SATA 2 和 SATA 3 接口

▽ eSATA 接口技术：eSATA 是外置式 SATA 2 规范，是业界标准接口 Serial ATA(SATA) 的延伸。

3. 主要品牌

品牌主板的特点包括研发能力强、有技术创新、新品推出速度快、产品线齐全、高端产品非常过硬。目前，市场认可度最高的是以下 4 个品牌。

▽ 华硕(ASUS)：全球第一大主板制造商，也是公认的主板第一品牌，做工追求又实又华，在很多用户的心目中已经是一种权威的象征；同时价格也是同类产品中最高的，如图 2-8 所示。

▽ 微星(MSI)：主板产品的出货量位居世界前五，于 2009 年改革后的微星在高端产品中非

常出色，使用 SFC 铁素电感，CPU 供电使用钽电容以及低温的一体式 MOS 管，俗称"军规"主板，超频能力大大提升，如图 2-9 所示。

图 2-8　华硕品牌

图 2-9　微星品牌

▽　技嘉(GIGABYTE)：一贯以"堆料王"闻名，但绝非华而不实，从高端至低端用料十足，低端价格合理，高端的刺客枪手系列创新不少，集成了比较高端的声卡和"杀手"网卡，但是在主板固态电容和全封闭电感普及的时代，技嘉从一开始打着全固态和"堆料王"主板的旗号，渐渐开始走下坡路，如图 2-10 所示。

GIGABYTE®

图 2-10　技嘉品牌

▽　华擎(ASRock)：过去曾是华硕的分厂，如今早已跟华硕分家，所以在产品线上也不受限制，拥有华硕的设计团队的华擎，通过推出费特拉提和面向极限玩家的中高端系列主板，一举挺身而出，如图 2-11 所示。

ASRock

图 2-11　华擎品牌

> **提示**
>
> 　　除了以上介绍的 4 个一线品牌主板以外，市场上还有包括映泰、升技、磐正、Intel、富士康和精英等二线品牌主板，以及盈通、硕泰克、顶星、翔升等三线品牌主板，这些主板有的针对 AMD 平台设计，有的尽量压低了价格，各具特色。

2.2.2　主板的硬件结构

主板一般采用开放式的结构，其正面包含多种扩展插槽，用于连接各种元器件，如图 2-12 所示。了解主板的硬件结构，有助于用户根据主板的插槽配置情况来决定计算机其他硬件(如 CPU、显卡)的选购。

计算机基础与实训教程系列

PCI-E 插槽
PCI 插槽
CMOS 电池
南桥芯片
SATA 接口

I/O 接口
北桥芯片
CPU 插槽
内存插槽
电源插座

图 2-12　主板上的各种元器件

下面分别介绍主板上各部分元器件的功能。

1. CPU 插槽

CPU 插槽是用于将 CPU 与主板连接的接口。CPU 经过多年的发展，其所采用的接口方式有针脚式、卡式、触电式和引脚式。目前主流 CPU 的接口都是针脚式接口，并且不同的 CPU 使用不同类型的 CPU 插槽。下面将介绍 Intel 公司和 AMD 公司生产的 CPU 所使用的插槽。

▽ Socket AM2 插槽：目前采用 Socket AM2 接口的有低端的 Sempron、中端的 Athlon 64、高端的 Athlon 64 X2 以及顶级的 Athlon 64 FX 等全系列 AMD 桌面 CPU。Socket AM2 是 AMD 发布的支持 DDR2 内存的 AMD 64 位桌面 CPU 的接口标准，具有 940 根 CPU 针脚，如图 2-13 所示。

▽ Socket AM3 插槽：Socket AM3 有 938 针的物理引脚，AM3 的 CPU 与 Socket AM2+插槽和 Socket AM2 插槽在物理上是兼容的，因为后者的物理引脚数均为 940 针。所有的 AMD 桌面级 45 纳米处理器均采用了 Socket AM3 插槽。

▽ LGA 775：在选购 CPU 时，通常都会把 Intel 处理器的插槽称为 LGA 775，其中的 LGA 代表了处理器的封装方式，775 则代表了触点的数量。在 LGA 775 出现之前，Intel 和 AMD 处理器的插槽都被叫作 Socket XXX，其中的 Socket 实际上就是插槽的意思，而 XXX 则表示针脚的数量。

▽ LGA 1366：LGA 1366 要比 LGA 775A 多出约 600 个针脚，这些针脚用于连接 QPI 总线、三条 64 位的 DDR3 内存通道等。

▽ LGA 1156：LGA 1156 又称为 Socket H，是 Intel 在 LGA775 与 LGA 1366 之后推出的 CPU 插槽。LGA 1156 也是 Intel Core i3/i5/i7 处理器(Nehalem 系列)的插槽，读取速度比 LGA 775 快，如图 2-14 所示。

图 2-13　Socket AM2 插槽　　　　　　　　　　图 2-14　LGA 1156 插槽

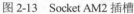
提示

用户在选购主板时，应首先关注自己选择的 CPU 与主板是否兼容。无论用户选择购买 Intel CPU 还是 AMD CPU，都需要购置与 CPU 针脚相匹配的主板。

2. 内存插槽

计算机内存所支持的内存种类和容量都由主板上的内存插槽决定。内存通过其金手指(金黄色导电触片)与主板连接，内存条正反两面都带有金手指。金手指可以在两面提供不同的信号，也可以提供相同的信号。目前，常见主板都带有 4 个以上的内存插槽，如图 2-15 所示。

图 2-15　内存插槽

3. 北桥芯片

北桥芯片(North Bridge)是主板芯片组中起主导作用的最重要的组成部分，也称为主桥(Host Bridge)。北桥芯片是主板上离 CPU 最近的芯片，这主要是因为考虑到北桥芯片与处理器之间的通信最密切，为了提高通信性能而缩短传输距离。

4. 南桥芯片

南桥芯片(South Bridge)也是主板芯片组的重要组成部分，一般位于主板上离 CPU 插槽较远的下方，在 PCI 插槽的前面，采用这种布局是因为考虑到它所连接的 I/O 总线较多，离处理器远

计算机基础与实训教程系列

一点有利于布线。相对于北桥芯片来说，通信量并不算大，所以南桥芯片一般都没有覆盖散热片，但现在高档主板的南桥芯片也覆盖有散热片。南桥芯片不与处理器直接相连，而是通过一定的方式(不同厂商的芯片组有所不同，例如 Intel 的 Hub Architecture 以及 SIS 的 Multi-Threaded)与北桥芯片相连。图 2-16 所示为北桥芯片和南桥芯片。

图 2-16　北桥芯片(左图)和南桥芯片(右图)

5. 其他芯片

芯片组是主板的核心组成部分，它决定了主板性能的好坏与级别的高低，是"南桥芯片"与"北桥芯片"的统称。但除此之外，在主板上还有用于其他协调作用的芯片(第三方芯片)，如集成网卡芯片、集成声卡芯片以及时钟发生器等。

▽ 集成网卡芯片：集成网卡芯片是指整合了网络功能的主板上集成的网卡芯片。在主板的背板上也有相应的网卡接口(RJ-45)，该接口一般位于音频接口或 USB 接口附近，如图 2-17 所示。

▽ 集成声卡芯片：现在的主板基本上都集成了音频处理功能，大部分新装计算机的用户均使用主板自带声卡，如图 2-18 所示。声卡一般位于主板 I/O 接口附近，最为常见的板载声卡就是 Realtek 的声卡产品，名称多为 ALC XXX，后面的数字代表这个声卡芯片所支持声道的数量。

图 2-17　集成网卡芯片　　　　　　　图 2-18　集成声卡芯片

▽ 时钟发生器：时钟发生器是主板上靠近内存插槽的一块芯片，能在芯片右边找到 ICS 字样的就是时钟发生器，该芯片上最下面的一行字显示了型号。

6. PCI-Express 插槽

PCI-Express 是常见的总线和接口标准，有多种规格，从 PCI-Express 1X 到 PCI-Express 16X(通道改为 1、2、4、8、16 等)，能满足现在和将来一定时间内出现的低速设备和高速设备的需求，如图 2-19 所示。

图 2-19　主板上的 PCI-Express 插槽

7. SATA 接口

SATA 是 Serial ATA 的缩写，表示串行 ATA，是一种完全不同于并行 ATA 的新型硬盘接口类型(因采用串行方式传输数据而得名)。

与并行 ATA 相比，SATA 总线使用嵌入式时钟信号，具备更强的纠错能力，如图 2-20 所示。

8. 电源插座

电源插座是主板上连接电源的接口，负责为 CPU、内存、芯片组和各种接口卡提供电源。目前，常见主板使用的电源插座都具有防插错结构，如图 2-21 所示。

图 2-20　SATA 接口　　　　　　　　图 2-21　电源插座

9. I/O(输入输出)接口

计算机的输入输出接口是 CPU 与外部设备之间交换信息的连接电路，如图 2-22 所示。它们通过总线与 CPU 相连，简称 I/O 接口。I/O 接口分为总线接口和通信接口两类。

计算机基础与实训教程系列

▽ 当需要外部设备或用户电路与 CPU 之间进行数据、信息交换以及控制操作时，应把外
部设备和用户电路连接起来，这时就需要使用总线接口。

▽ 当计算机系统与其他系统直接进行数字通信时使用通信接口。

图 2-22　主板 I/O 接口

从图 2-22 所示的主板外观上看，常见的主板上的 I/O 接口至少有以下几种。

▽ PS/2 接口：PS/2 接口分为 PS/2 键盘接口和 PS/2 鼠标接口，并且这两种接口完全相同。
为了区分 PS/2 键盘接口和 PS/2 鼠标接口，PS/2 键盘接口采用蓝色显示，而 PS/2 鼠标
接口则采用绿色显示。

▽ VGA 接口：VGA 接口是计算机连接显示器的最主要接口。

▽ USB 接口：通用串行总线(Universal Serial Bus，USB)是计算机连接外部装置的一种串
口总线标准，在计算机上使用广泛，几乎所有的计算机主板上都配置了 USB 接口。
USB 接口标准的版本有 USB 1.0、USB 2.0 和 USB 3.0。

▽ 网卡接口：网卡接口通过网络控制器可以使用网线连接至 LAN 网络。

▽ 音频信号接口：集成了声卡芯片的主板上有音频信号接口，通过不同的音频信号接口，
可以将计算机与不同的音频输入输出设备(如耳机、麦克风等)相连。

提示

有些主板还提供同轴 S/PDIF 接口、IEEE 1394 接口以及 Optical S/PDIF Out 光纤接口等其他
接口。

2.2.3　主板的性能指标

主板是计算机硬件系统的平台，其性能直接影响到计算机的整体性能。因此，用户在选
购主板时，除了应了解其技术信息和硬件结构以外，还必须充分了解自己所选购主板的性能
指标。

下面将分别介绍主板的几个主要性能指标。

▽ 所支持 CPU 的类型与频率范围：CPU 插槽类型的不同是区分主板类型的主要标志之一。
尽管主板型号众多，但总的结构是类似的，只是在诸如 CPU 插槽或其他细节上有所不同。
现在市面上主流主板的 CPU 插槽分 AM2、AM3 以及 LGA 775 等几类，它们分别与对应
的 CPU 匹配。

▽ 对内存的支持：目前主流内存均采用 DDR3 技术，为了能发挥内存的全部性能，主板同样需要支持 DDR3 内存。此外，内存插槽的数量可用来衡量一块主板以后升级的潜力。如果用户想要以后通过添加硬件升级计算机，则应选择至少有 4 个内存插槽的主板。

▽ 主板芯片组：主板芯片组是衡量主板性能的重要指标之一，它决定了主板所能支持的 CPU 种类、频率以及内存类型等。目前主要的主板芯片组有 Intel 芯片组、AMD-ATI 芯片组、VIA(威盛)芯片组以及 nVIDIA 芯片组。

▽ 对显卡的支持：目前主流显卡均采用 PCI-E 接口，如果用户要使用两块显卡组成 SLI 系统，则主板上至少需要两个 PCI-E 接口。

▽ 对硬盘与光驱的支持：目前主流硬盘与光驱均采用 SATA 接口，因此用户要购买的主板至少应有两个 SATA 接口。考虑到以后计算机的升级，推荐选购的主板应至少具有 4 到 6 个 SATA 接口。

▽ USB 接口的数量与传输标准：由于 USB 接口使用起来十分方便，因此越来越多的计算机硬件与外部设备都采用 USB 方式与计算机连接，如 USB 鼠标、USB 键盘、USB 打印机、U 盘、移动硬盘以及数码相机等。为了让计算机能同时连接更多的设备，发挥更多的功能，主板上的 USB 接口应越多越好。

▽ 超频保护功能：现在市面上的一些主板具有超频保护功能，可以有效地防止用户由于超频过度而烧毁 CPU 和主板。例如，Intel 主板集成了 Overclocking Protection(超频保护)功能，只允许用户"适度"调整芯片运行频率。

2.2.4　主板的选购常识

用户在了解了主板的主要性能指标后，即可根据自己的需求选择一款合适的主板。下面将介绍用户在选购主板时，应注意的一些常识问题，为用户选购主板提供参考。

▽ 注意主板电池的情况：电池是为保持 CMOS 数据和时钟的运转而设计的。"掉电"就是指电池没电了，不能保持 CMOS 数据，关机后时钟也不走了。选购时，应观察电池是否生锈、漏液。

▽ 观察芯片的生产日期：计算机的速度不仅取决于 CPU 的速度，同时也取决于主板芯片组的性能。如果各芯片的生产日期相差较大，用户就要注意。

▽ 观察扩展槽插的质量：一般来说，方法是先仔细观察槽孔内弹簧片的位置和形状，再把卡插入槽中，之后拔出；然后，观察此刻槽孔内弹簧片的位置和形状是否与原来相同，若有较大偏差，则说明该插槽的弹簧片弹性不好，质量较差。

▽ 查看主板上的 CPU 供电电路：在采用相同芯片组时判断一块主板的好坏，最好的方法就是看供电电路的设计。就 CPU 供电部分来说，采用两相供电设计会使供电部分时刻处于高负载状态，严重影响主板的稳定性与使用寿命。

▽ 观察用料和制作工艺：通常主板的 PCB 板一般是 4~8 层的结构，优质主板一般都会采用 6 层以上的 PCB 板，6 层以上的 PCB 板具有良好的电气性能和抗电磁性。

2.3 选购内存

内存是计算机的记忆中心，用于存储当前计算机运行的程序和数据。内存容量的大小是衡量计算机性能高低的指标之一，内存质量的好坏也对计算机的稳定运行起着非常重要的作用。

2.3.1 内存简介

内存又称为主存，是 CPU 能够直接寻址的存储空间，由半导体器件制成，最大的特点是存取速率快。内存是计算机中的主要部件，这是相对于外存而言的。

用户在日常工作中利用计算机处理的程序(如 Windows 操作系统、打字软件、游戏软件等)，一般都安装在硬盘等计算机外存上，但外存中的程序，计算机是无法使用其功能的，必须把程序调入内存中运行，才能真正使用其功能。用户在利用计算机输入一段文字(或玩一个游戏)时，都需要在内存中运行一段相应的程序。

1. 常见类型

目前，市场上常见的内存，根据芯片类型划分，可以分为 DDR、DDR2、DDR3、DDR4 几种类型，它们各自的特点如下。

▽ DDR：DDR 的全称是 DDR SDRAM。目前，DDR 内存的运行频率主要有 100MHz、133MHz、166MHz 这 3 种。由于 DDR 内存具有双倍速率传输数据的特性，因此在 DDR 内存的标识上采用工作频率×2 的方法，也就是 DDR200、DDR266、DDR333 和 DDR400，如图 2-23 所示。

▽ DDR2：DDR2(Double Data Rate 2) SDRAM 是由 JEDEC 进行开发的内存技术标准，它与上一代 DDR 内存技术标准最大的不同就是，虽然都采用在时钟的上升/下降沿同时进行数据传输的基本方式，但 DDR2 内存却拥有两倍于上一代 DDR 内存的预读取能力。换句话说，DDR2 内存在每个时钟能够以 4 倍于外部总线的速度读/写数据，并且能够以相当于内部控制总线 4 倍的速度运行，如图 2-24 所示。

图 2-23 DDR 内存

图 2-24 DDR2 内存

▽ DDR3：DDR3 SDRAM 为了更省电、传输效率更快，使用了 SSTL 15 的 I/O 接口，运作 I/O 电压是 1.5V，采用 CSP、FBGA 封装方式包装，除了延续 DDR2 SDRAM 的 ODT、OCD、Posted CAS、AL 控制方式外，另外新增了更为精进的 CWD、Reset、ZQ、SRT、RASR 功能。DDR3 内存是目前市场上流行的主流内存，如图 2-25 所示。

▽ DDR4：DDR4 内存将会拥有两种规格。其中，使用 Single-Ended Signaling 信号的 DDR4 内存的传输速率已经被确认为 1.6~3.2Gb/s，而基于差分信号技术的 DDR4 内存的传输速

率可以达到 6.4Gb/s。由于通过一个 DRAM 实现两种接口基本上是不可能的，因此 DDR4
内存将会同时存在基于传统 SE 信号和差分信号的两种规格产品，如图 2-26 所示。

图 2-25　DDR3 内存

图 2-26　DDR4 内存

2. 技术信息

内存的主流技术随着计算机技术的发展而不断发展，与主板、CPU 一样，新的技术不断出现。
因此，用户在选购内存时，应充分了解当前的主流内存技术信息。

▽ 双通道内存技术：双通道内存技术其实是一种内存控制和管理技术，它依赖于芯片组的内存
控制器发生作用，在理论上能够使两条同等规格的内存提供的带宽增长一倍。双通道内存主
要依靠主板上北桥芯片的控制技术，与内存本身无关。目前支持双通道内存技术的主板有
Intel 的 i865 和 i875 系列，SIS 的 655、658 系列，NVIDIAD 的 nForce 2 系列，等等。

▽ 内存封装技术：内存封装技术是指将内存芯片包裹起来，以避免芯片与外界接触，防止
外界对芯片造成损害(空气中的杂质和不良气体，乃至水蒸气都会腐蚀芯片上的精密电
路，进而造成电学性能下降)。目前，常见的内存封装类型有 DIP 封装、TSOP 封装、CSP
封装、BGR 封装等。

> **提示**
>
> 目前，市场上的主要内存品牌有 HY(现代)、KingMAX、Winward、金邦、Kingston、三星、
> 幻影金条等，用户通过这些主流内存品牌商发布的各种新产品信息，可以进一步了解各种内
> 存技术信息。

2.3.2　内存的硬件结构

内存主要由内存芯片、PCB 板、金手指、固定卡口和金手指缺口等几个部分组成。从外观
上看，内存是一块长条形的电路板，如图 2-27 所示。

图 2-27　内存的硬件结构

▽ 内存芯片：内存的芯片颗粒就是内存的核心。内存的性能、速度、容量都与内存芯片密切相关。如今市场上有许多种类的内存，但内存颗粒的型号并不多，常见的有 HY(现代)、三星和英飞凌等。三星内存芯片以出色的稳定性和兼容性知名，HY 内存芯片多为低端产品采用，英飞凌内存芯片在超频方面表现出色。

▽ PCB 板：以绝缘材料为基板加工成一定尺寸的板，为内存的各电子元器件提供固定及装配时的机械支撑，可实现电子元器件之间的电气连接或绝缘。

▽ 金手指：内存与主板内存槽接触部分的一根根黄色接触点，用于传输数据。金手指是铜质导线，使用时间一长就可能出现氧化现象，进而影响内存的正常工作，容易发生无法开机的故障。所以，可以每隔一年左右时间用橡皮擦清理一下金手指上的氧化物。

▽ 固定卡口：将内存插到主板上之后，主板上的内存插槽会有两个夹子牢固地扣住内存两端，这两个夹子便是用于固定内存的固定卡口。

▽ 金手指缺口：金手指上的缺口用来防止将内存插反。只有安装正确，才能将内存插入主板的内存插槽中。

提示

内存 PCB 板的作用是连接内存芯片引脚与主板信号线。因此，其做工好坏直接关系着系统稳定性。目前，主流的内存 PCB 板层数一般是 6 层，这类电路板具有良好的电气性能，可以有效屏蔽信号干扰。

2.3.3 内存的性能指标

内存的性能指标是反映内存优劣的重要参数，主要包括内存容量、内存主频、工作电压、存取时间、延迟时间、数据位宽和内存带宽等。

▽ 内存容量：内存最主要的一个性能指标就是内存容量，普通用户在购买内存时往往也最关注该性能指标。目前市场上主流的内存容量为 2GB 和 4GB。

▽ 内存主频：内存主频和 CPU 主频一样，习惯上被用来表示内存的速度，代表着内存所能达到的最高工作频率。内存主频是以 MHz 为单位计量的。内存主频越高，在一定程度上代表着内存所能达到的速度越快。内存主频决定着内存最高能在什么样的频率下正常工作。目前市场上常见的 DDR2 内存的主频为 667MHz 和 800MHz，DDR3 内存的主频为 1066 MHz、1333MHz 和 2000MHz。

▽ 工作电压：内存的工作电压是指使内存在稳定条件下工作所需要的电压。内存正常工作所需要的电压值，对于不同类型的内存会有所不同，但各自均有自己的规格，超出规格容易造成内存损坏。内存的工作电压越低，功耗越小。目前一些 DDR 3 内存的工作电压已经降到 1.5V。

▽ 存取时间：存取时间(AC)指的是 CPU 读取或写入内存中资料的时间，也称总线循环(Bus Cycle)。以读取为例，CPU 发出指令给内存时，便会要求内存取用特定地址的特定资料，

内存响应 CPU 后便会将 CPU 所需要的数据传送给 CPU，一直到 CPU 收到数据为止，这就是读取的过程。内存的存取时间越短，速度越快。

▽ 延迟时间：延迟时间(CL)是指纵向地址脉冲的反应时间。延迟时间越短，内存性能越好。

▽ 数据位宽和内存带宽：数据位宽指的是内存在一个时钟周期内可以传送的数据长度，单位为位(bit)。内存带宽则指的是内存的数据传输率。

2.3.4　内存的选购常识

选购性价比较高的内存对于计算机的性能起着至关重要的作用。用户在选购内存时，应了解以下选购常识。

▽ 检查 SPD 芯片：SPD 可谓内存的"身份证"，它能帮助主板快速确定内存的基本情况。在现今高外频的时代，SPD 的作用更大，兼容性差的内存大多是没有 SPD 或 SPD 信息的不真实产品。另外，有一种内存虽然有 SPD，但使用的是报废的 SPD，所以用户可以看到这类内存的 SPD 根本没有与线路连接，只是被孤零零地焊在 PCB 板上。建议不要购买这类内存，如图 2-28 所示。

▽ 检查 PCB 板：PCB 板的质量也是一个很重要的决定因素，决定 PCB 板好坏的有好几个因素，如板材。一般情况下，如果内存使用 4 层板，这种内存在工作过程中因信号干扰而产生的杂波就会很大，有时会产生不稳定的现象；而使用 6 层板设计的内存，相应的干扰就会小得多。

▽ 检查内存金手指：内存金手指部分应较光亮，没有发白或发黑的现象，如图 2-29 所示。如果内存金手指存在色斑或氧化现象的话，内存肯定有问题，建议不要购买。

图 2-28　检查 SPD 芯片

图 2-29　检查内存金手指

2.4　选购硬盘

硬盘是计算机的主要存储设备，是计算机存储数据资料的仓库。此外，硬盘的性能也影响到计算机的整机性能，关系到计算机处理硬盘数据的速度与稳定性。本节将详细介绍选购硬盘时应注意的相关知识。

计算机基础与实训教程系列

2.4.1 硬盘简介

硬盘(Hard Disk Drive，HDD)是计算机非易失性存储设备，主要分为固态硬盘和机械硬盘两种。

机械硬盘在平整的磁性表面存储和检索数字数据。信息通过离磁性表面很近的写头，由电磁流通过改变极性的方式写到磁盘上。信息可以通过相反的方式回读。例如，磁场导致线圈中电气的改变或读头经过它的上方。早期的硬盘存储媒介是可替换的，不过现在市场上常见的硬盘采用固定的存储媒介(固态硬盘)。

1. 常见接口类型

硬盘，根据数据接口类型的不同可以分为 IDE 接口、SATA 接口、SATA II 接口、SCSI 接口、光纤通道和 SAS 接口等几种，各自的特点如下。

▽ IDE(ATA)接口：IDE(Integrated Drive Electronics，电子集成驱动器)接口俗称 PATA 并口，如图 2-30 所示。

▽ SATA 接口：使用 SATA(Serial ATA)接口的硬盘又称为串口硬盘，是目前计算机硬盘的发展趋势，如图 2-31 所示。

SATA 接口

图 2-30　IDE 接口　　　　　　　　　图 2-31　SATA 接口

▽ SATA II 接口：SATA II 接口是芯片生产商 Intel 与硬盘生产商 Seagate(希捷)在 SATA 的基础上发展而来的，主要特征是外部传输率从 SATA 的 150Mb/s 进一步提高到了 300Mb/s。此外，还包括 NCQ(Native Command Queuing，原生命令队列)、端口多路器(Port Multiplier)、交错启动(Staggered Spin-Up)等一系列技术特征。

▽ SATA III 接口：串行 ATA 国际组织(SATA-IO)在 2009 年 5 月份发布的新版规范，主要特征是传输速度翻番，达到 6Gb/s，同时向下兼容旧版规范。

▽ SCSI 接口：SCSI 接口是同 IDE(ATA)与 SATA 接口完全不同的接口，IDE 接口与 SATA 接口是普通计算机的标准接口，而 SCSI 接口并不是专门为硬盘设计的接口，而是一种被广泛应用于小型机的高速数据传输技术。

▽ 光纤通道：和 SCSI 接口一样，光纤通道最初也不是为硬盘设计开发的接口技术，而是专门为网络系统设计的，但随着存储系统对速度要求越来越高，才逐渐应用到硬盘系统中。光纤通道的出现大大提高了多硬盘系统的通信速度。

▽ SAS 接口：这是新一代的 SCSI 技术，和 SATA 硬盘相同，都采取串行技术以获得更高的传输速度，可达到 6Gb/s。

提示

固态硬盘由控制单元和存储单元(Flash 芯片)组成，简单来说就是用固态电子存储芯片阵列而制成的硬盘，固态硬盘的接口规范、定义、功能及使用方法与普通硬盘完全相同。在产品外形和尺寸上也完全与普通硬盘一致，包括3.5 寸、2.5 寸、1.8 寸多种类型。由于固态硬盘没有普通硬盘的旋转介质，因此抗振性极佳，同时工作温度很宽，固态硬盘可工作在-45℃~+85℃环境中，可广泛应用于军事、车载、工控等领域。

2. 性能指标

硬盘作为计算机最主要的外部存储设备，其性能也直接影响着计算机的整体性能。判断硬盘性能的主要标准有以下几个。

▽ 容量：容量是硬盘最基本也是用户最关心的性能指标之一。硬盘容量越大，能存储的数据也就越多。对于现在动辄数 GB 安装大小的软件而言，选购一块大容量的硬盘是非常有必要的。目前，市场上主流硬盘的容量大于 500GB，并且随着更大容量硬盘价格的降低，TB 硬盘也开始被普通用户接受(1TB=1024GB)。

▽ 主轴转速：硬盘的主轴转速是决定硬盘内部数据传输率的决定因素之一，它在很大程度上决定了硬盘的速度，同时也是区别硬盘档次的重要标志。目前，主流硬盘的主轴转速为 7200rpm，建议用户不要购买更低转速的硬盘，否则硬盘将成为整个计算机系统性能的瓶颈。

▽ 平均延迟(潜伏时间)：平均延迟是指当磁头移动到数据所在的磁道后，等待想要的数据块继续转动到磁头下所需的时间。平均延迟越小，代表硬盘读取数据的等待时间越短，相当于具有更高的硬盘数据传输率。7200rpm IDE 硬盘的平均延迟为 4.17ms。

▽ 单碟容量：单碟容量(Storage Per Disk)是硬盘相当重要的参数之一，一定程度上决定着硬盘的档次高低。硬盘是由多个存储碟片组合而成的，而单碟容量就是一张磁盘存储碟片所能存储的最大数据量。目前单碟容量已经达到 2TB，这项技术不仅可以带来硬盘总容量的提升，还能在一定程度上节省产品成本。

▽ 外部数据传输率：外部数据传输率也称突发数据传输率，是指从硬盘缓冲区读取数据的速率。在广告或硬盘特性表中常以数据接口速率代替，单位为 Mb/s。目前主流的硬盘已经全部采用 UDMA/100 技术，外部数据传输率可达 100Mb/s。

▽ 最大内部数据传输率：最大内部数据传输率(Internal Data Transfer Rate)又称持续数据传输率(Sustained Transfer Rate)，单位为 Mb/s。最大内部数据传输率是磁头与硬盘缓存间

计算机基础与实训教程系列

的最大数据传输率，取决于硬盘的盘片转速和盘片数据线密度(指同一磁道上的数据间隔度)。

▽ 连续无故障时间：连续无故障时间(MTBF)是指硬盘从开始运行到出现故障的最长时间，单位是小时(h)。一般的硬盘，MTBF 至少在 30 000 小时以上。这项指标在一般的产品广告或常见的硬盘特性表中并不提供，需要时可专门上网到具体生产硬盘的公司网站中查询。

▽ 硬盘表面温度：表示硬盘工作时产生的温度使硬盘密封壳温度上升的情况。

2.4.2 硬盘的外部结构

一般的机械硬盘由一个或多个铝制或玻璃制的碟片组成。这些碟片外覆盖有铁磁性材料。绝大多数硬盘都是固定硬盘，被永久性地密封固定在硬盘驱动器中。从外部看，机械硬盘的外部结构包括正面和后侧两部分，各自的结构特征如下。

▽ 硬盘正面是硬盘编号标签，上面记录着硬盘的序列号、型号等信息，如图 2-32 所示。

▽ 硬盘后侧则是电源、跳线和数据线的接口面板，目前主流的硬盘接口均为 SATA 接口，如图 2-33 所示。

图 2-32　机械硬盘的正面　　　　　图 2-33　机械硬盘的后侧

固态硬盘是用固态的电子存储芯片阵列而制成的硬盘。固态硬盘的存储介质现在一般用的是 Flash 芯片，另外一种 DRAM 现在用得比较少。有别于机械硬盘由磁盘、磁头等机械部件构成，整个固态硬盘无机械装置，全部由电子芯片及电路板组成，如图 2-34 所示。

图 2-34　固态硬盘的结构

2.4.3　主流的硬盘品牌

目前，市场上主要的硬盘生产厂商有希捷、西部数据、东芝、戴尔以及日立等。

1. 希捷

希捷硬盘是市场占有率最高的硬盘，因"物美价廉"而在消费者群体中有很好的口碑，如图 2-35 所示。

图 2-35　希捷硬盘

2. 西部数据

西部数据硬盘凭借大缓存的优势，在硬盘市场中有着不错的性能表现，如图 2-36 所示。

图 2-36　西部数据硬盘

3. 东芝

东芝是日本最大的半导体制造商，也是第二大综合电机制造商，隶属三井集团，主要生产移动存储产品，如图 2-37 所示。

4. 戴尔

戴尔以生产、设计、销售家用电脑以及办公电脑而闻名，不过同时也涉足高端电脑市场，生产与销售服务器、数据存储设备、网络设备等。戴尔硬盘如图 2-38 所示。

图 2-37　东芝硬盘　　　　　　　　　　　　　图 2-38　戴尔硬盘

除了普及使用的机械硬盘外，最近发展迅猛的固态硬盘也开始占领传统硬盘的市场，比较有名的有三星、闪迪、英睿达、东芝、金士顿等固态硬盘，如图 2-39 所示。

图 2-39　固态硬盘

2.4.4　硬盘的选购常识

在介绍了硬盘的一些相关知识后，下面将介绍选购硬盘的一些技巧，帮助用户选购一块适合自己的硬盘。

▽ 容量尽可能大：硬盘的容量是非常关键的，大多数被淘汰的硬盘都是因为容量不足，不能适应日益增长的海量数据的存储需求。硬盘的容量再大也不为过，应尽量购买大容量硬盘，因为容量越大，硬盘上单位存储介质的成本越低，也就降低了使用成本。

▽ 稳定性：硬盘的容量变大了，转速加快了，稳定性的问题越来越明显。所以在选购硬盘之前，要多参考一些权威机构的测试数据，对那些不太稳定的硬盘不要选购。在硬盘的数据和振动保护方面，各个厂商都有一些相关的技术给予支持，常见的保护措施有希捷的 DST(Drive Self Test)、西部数据的 Data Life Guard 等。

▽ 缓存：大缓存的硬盘在存取零碎数据时具有非常大的优势，将一些零碎的数据暂存在缓存中，既可以降低系统的负荷，又能提高硬盘数据的传输速度。

▽ 注意观察硬盘配件与防伪标识：用户在购买硬盘时应注意不要购买水货，水货硬盘与行货硬盘最大的直观区别就是有无包装盒。此外，还可以通过国内代理商的包修标贴和硬盘顶部的防伪标识来确认。

2.5　选购显卡

显卡是主机与显示器之间连接的"桥梁"，作用是控制计算机的图形输出，负责将 CPU 送来的影像数据处理成显示器可以识别的格式，再送到显示器形成图像。本节将详细介绍选购显卡的相关知识。

2.5.1　显卡简介

显卡是计算机中处理和显示数据、图像信息的专门设备，是连接显示器和计算机主机的重要部件。显卡包括集成显卡和独立显卡，集成显卡是集成在主板上的显示元件，依靠主板和 CPU 进行工作；而独立显卡拥有独立处理图形的处理芯片和存储芯片，可以不依赖 CPU 工作。

1. 常见类型

显卡的发展速度极快，从 1981 年单色显卡的出现到现在各种图形加速卡的广泛应用，类别多种多样，所采用的技术也各不相同。一般情况下，可以按照显卡的构成形式和接口类型进行区别，划分为以下几种类型。

▽ 按照显卡的构成形式划分：按照显卡的构成形式的不同，可以将显卡分为独立显卡和集成显卡两种类型。独立显卡指的是以独立板卡形式出现的显卡，如图 2-40 所示。集成显卡指的是主板在整合显卡芯片后，由主板承载的显卡，又被称为板载显卡。

▽ 按照显卡的接口类型划分：按照显卡的接口类型，可以将显卡划分为 AGP 接口显卡、PCI-E 接口显卡两种。其中，PCI-E 接口显卡为目前的主流显卡，如图 2-41 所示。AGP 接口的显卡已逐渐被淘汰。

图 2-40　独立显卡　　　　　　　　　　　　　图 2-41　PCI-E 接口显卡

2. 性能指标

衡量一块显卡的好坏有很多种方法，除了使用测试软件测试比较外，还有很多性能指标可以供用户参考，具体如下。

▽ 显示芯片的类型：显卡所支持的各种 3D 特效由显示芯片的性能决定。显示芯片相当于 CPU 在计算机中的作用，一块显卡采用何种显示芯片大致决定了这块显卡的档次和基本性能。目前，主流显卡的显示芯片主要由 nVIDIA 和 ATI 两大厂商制造。

▽ 显存容量：现在主流显卡基本上具备的是 2GB 容量，一些中高端显卡配备了 6GB 的显存容量。显存与系统内存一样，容量越多越好，因为显存越大，可以存储的图像数据就越多，支持的分辨率与颜色数也越高，游戏运行起来就越流畅。

▽ 显存带宽：显存带宽是显示芯片与显存之间的桥梁，带宽越大，显示芯片与显存之间的通信就越快捷。显存带宽的单位为：字节/秒。显存带宽与显存的位宽及速度(也就是工作频率)有关。最终得出如下结论：显存带宽=显存位宽×显存频率/8。显存的速度一般以 ns 为单位，常见的有 6ns、5.5ns、5ns、4ns、3.8ns，直至 1.8ns。

▽ 显存频率：常见显卡的显存类型多为 DDR3，不过已经有不少显卡品牌推出 DDR5 类型的显卡(与 DDR3 相比，DDR5 显卡拥有更高的显存频率，性能也更加卓越)。

2.5.2　显卡的选购常识

显卡类似于 CPU，在选购显卡时，首先应该根据计算机的主要用途确定显卡的价位，然后结合显示芯片、显存、做工和用料等因素进行综合选择。

▽ 按需选购：对用户而言，最重要的是针对自己的实际预算和具体应用来决定购买何种显卡。用户一旦确定自己的具体需求，购买的时候就可以轻松做出正确的选择。一般来说，按需选购是配置计算机配件的一条基本法则，显卡也不例外。因此，在决定购买之前，一定要了解自己购买显卡的主要目的。高性能的显卡往往对应的是高价格，而且显卡也

是配件中更新比较快的产品，所以在价格与性能间寻找适于自己的平衡点才是选购显卡的关键所在。

▽　查看显卡的字迹说明：质量好的显卡，显存上的字迹即使已经磨损，也仍然可以看到刻痕。所以，在购买显卡时可以用橡皮擦拭显存上的字迹，看看字体擦过之后是否还存在刻痕。

▽　观察显卡的外观：一款好的显卡用料足，焊点饱满，做工精细，PCB 板、线路、各种元件的分布比较规范。

▽　软件测试：通过测试软件，可以大大降低买到伪劣显卡的风险。通过安装正版的显卡驱动程序，然后观察显卡实际的数值是否和显卡标称的数值一致，不一致就表示显卡为伪劣产品。另外，通过一些专门的检测软件检测显卡的稳定性，劣质显卡显示的画面就有很大的停顿感，甚至造成死机。

▽　不盲目追求显存大小：大容量显存对高分辨率、高画质游戏是十分重要的，但并不是显存容量越大越好，一块低端的显示芯片配备 4GB 的显存容量，除了大幅度提升显卡价格外，显卡的性能提升并不显著。

▽　显卡所属系列：显卡所属系列直接关系显卡的性能，如 NVIDIA GeForce 系列、ATI 的 X 与 HD 系列等。系列越新，功能越强大，支持的特效也更多，如图 2-42 所示。

▽　优质风扇与散热管：显卡性能的提高，使得发热量也越来越大，所以选购一块带有优质风扇与散热管的显卡十分重要。显卡散热能力的好坏直接影响到显卡工作的稳定性与超频性能的高低，如图 2-43 所示。

图 2-42　系列显卡

图 2-43　显卡风扇与水冷散热管

▽　查看主芯片：在主芯片方面，有的冒牌货利用其他公司的产品以及同公司的低端芯片来冒充高端芯片。这种方法比较隐蔽，较难分别，只有查看主芯片有无打磨痕迹，才能区分。

计算机基础与实训教程系列

2.6 选购光驱

光驱的主要作用是读取光盘中的数据，而刻录光驱还可以将数据写入光盘进行保存。目前，由于主流 DVD 刻录光驱的价格普遍已不到 200 元，与普通 DVD 光驱相比在价格上已经没有太大差别。因此，越来越多的用户在装机时首选 DVD 刻录光驱。

2.6.1 光驱简介

光驱也称为光盘驱动器，如图 2-44 所示，是一种读取光盘(如图 2-45 所示)信息的设备。

图 2-44　光驱 　　　　　　　　　　　　　　　　　图 2-45　光盘

光盘存储容量大、价格便宜、保存时间长并且适宜保存大量的数据，如声音、图像、动画、视频信息等，所以光驱是计算机不可缺少的硬件配置。

1. 常见类型

光驱按所能读取的光盘类型分为 CD/光驱、DVD 光驱、蓝光光驱等。

▽ CD 光驱：CD 光驱只能读取 CD/VCD 光盘，而不能读取 DVD 光盘。

▽ DVD 光驱：DVD 光驱既可以读取 DVD 光盘，也可以读取 CD/VCD 光盘。

▽ 蓝光光驱：既能读取蓝光光盘，也能向下兼容 DVD、VCD、CD 等格式。

光驱按读写方式又可分为只读光驱和可读写光驱。

▽ 只读光驱：只有读取光盘上数据的功能，而没有将数据写入光盘的功能。

▽ 可读写光驱：又称为刻录机，既可以读取光盘上的数据，也可以将数据写入光盘(这张光盘应该是一张可写入光盘)。

光驱按接口方式不同分为 ATA/ATAPI 接口、SCSI 接口、SATA 接口、USB 接口、IEEE 1394接口光驱等。

▽ ATA/ATAPI 接口光驱：ATA/ATAPI 接口也称为 IDE 接口，和 SCSI 接口与 SATA 接口一起，经常作为内置式光驱采用的接口。

▽ SCSI 接口光驱：SCSI 接口光驱因为需要专用的 SCSI 卡配套使用，所以一般计算机都采用 IDE 接口或 SATA 接口。

▽ SATA 接口光驱：SATA 接口光驱通过 SATA 数据线与主板相连，是目前常见的内置光驱类型，如图 2-46 所示。

▽ USB 接口、IEEE 1394 接口和并行接口光驱：USB 接口、IEEE 1394 接口和并行接口光驱一般为外置光驱，其中并行接口光驱因数据传输率慢，已被淘汰，如图 2-47 所示。

图 2-46　SATA 接口光驱　　　　　　　　　图 2-47　USB 接口光驱

2. 技术信息

为了能赢取更多用户的青睐，光驱厂商推出了一系列的个性化与安全新技术，让刻录光驱拥有更强大的功能。

▽ 光雕技术：光雕技术是一项直接刻印碟片表面的技术，通过支持光雕技术的刻录光驱和配套软件，可以在光雕专用光盘的标签面上刻出高品质的图案和文字，实现光盘的个性化设计、制作、刻录。

▽ 第 3 代蓝光刻录技术：蓝光(Blue-Ray)是由索尼、松下、日立、先锋、夏普、LG 电子、三星等电子巨头共同推出的新一代 DVD 光盘标准。目前，第 3 代蓝光刻录光驱已经面世，实现了 8 倍速大容量高速刻录，支持 25GB、50GB 蓝光格式光盘的刻录和读取，以及最新的 BD-R LTH 蓝光格式。

▽ 24X 刻录技术：目前主流的内置 DVD 刻录光驱的速度为 20X 与 22X。不过 DVD 刻录的速度一直是各大光驱厂商竞争的指标之一。目前，CD-ROM 最快达到 52X，DVD-ROM 最快达到 24X，刻录机最快也达到 52X。

2.6.2　光驱的性能指标

光驱的各项指标是判断光驱性能的标准，这些指标包括：数据传输率、平均寻道时间、CPU 占用时间、数据传输模式、缓存容量、接口类型、纠错能力等。下面将介绍这些指标的作用。

▽ 数据传输率：数据传输率是光驱最基本的性能指标，表示光驱每秒能读取的最大数据量。数据传输率又可细分为读取速度与刻录速度。目前，主流 DVD 光驱的读取速度为 16X，DVD 刻录光驱的刻录速度为 20X 与 22X。

▽ 平均寻道时间：平均寻道时间又称平均访问时间，是指光驱的激光头从初始位置移到指定数据扇区，并把该扇区上的第一块数据读入高速缓存所用的时间。平均寻道时间越短，光驱性能越好。

▽ CPU 占用时间：CPU 占用时间是指光驱在维持一定的转速和数据传输率时占用 CPU 的时间，它是衡量光驱性能的一个重要指标。CPU 占用时间可以反映光驱的 BIOS 编写能力。CPU 占用时间越少，光驱性能就越好。

▽ 数据传输模式：数据传输模式主要有早期的 PIO 和现在的 UDMA。对于 UDMA 模式，可以通过 Windows 的设备管理器打开 DMA，以提高光驱性能。

▽ 缓存容量：缓存的作用是提供数据的缓冲区域，将读取的数据暂时保存，然后一次性进行传输和转换。对于光盘驱动器来说，缓存越大，光驱连续读取数据的性能越好。目前，DVD 刻录光驱的缓存多为 2MB。

▽ 接口类型：目前，市场上光驱的主要接口类型有 IDE 与 SATA 两种。此外，为了满足一些用户的特殊需要，市面上还有 SCSI、USB 等接口类型的光驱出售。

▽ 纠错能力：纠错能力指的是光驱读取质量不好或表面存在缺陷的光盘时的纠正能力。纠错能力越强的光驱，读取光盘的能力就越强。

2.6.3 光驱的选购常识

面对众多的光驱品牌，想要从中挑选出高品质的产品不是一件容易的事。本节将介绍一些选购光驱时需要注意的事项，供准备装机的用户参考。

▽ 不过度关注光驱的外观：一款光驱的外观跟光驱的实际使用没有太多直接的关系。一款前置面板不好看的光驱，并不代表它的性能和功能不好，或者代表它不好用。如果用户按照厂商的引导，将选购光驱的重点放在面板上，而忽略产品的性能、功能和口碑，则可能会购买到不合适的光驱。

▽ 不必过度追求速度和功能：过高的刻录速度，会提升光驱刻盘失败的概率。对于普通用户来说，刻盘的成功率是很重要的，毕竟一张质量尚可的 DVD 光盘的价格都在 2 元左右，因此不用太在意刻录光驱的速度，毕竟现在主流的刻录光驱速度都在 20X 以上，完全能满足需要。

▽ 注重光驱的兼容性：很多用户在关注光驱的价格、功能、配置和外观的同时，却忽略了一个相当重要的因素，那就是光驱对光盘的兼容性问题。事实上，有很多用户都以为买了光驱和光盘，拿回去就可以正常使用，不会有什么问题出现。但是，在实际使用中，却会发生光盘不能被光驱读取、刻录甚至刻录失败的情况。以上这些情况，其实都可以归纳成光驱对光盘的兼容性不是太好。为了能更好地读取与刻录光盘，重视光驱的兼容性是十分必要的。

▽ 选择适合的蓝光光驱：到目前为止，蓝光是最先进的大容量光盘格式，BD 激光技术的巨大进步，使用户能够在一张单碟上存储 25GB 的文档文件。这是现有(单碟)DVD 容量的 5 倍。在技术上，蓝光刻录机系统可以兼容此前出现的各种光盘产品。蓝光产品的巨

容量为高清电影、游戏和大容量数据存储带来了可能和便利，将在很大程度上促进高清娱乐的发展。目前，蓝光技术也得到世界上 170 多家大的游戏公司、电影公司、消费电子和家用电脑制造商的支持。

2.7　选购电源

在选购计算机时，人们往往只注重显卡、CPU、主板、显示器和声卡等产品，但常常忽视了电源的重要作用。熟悉计算机的用户都知道，电源的好与坏直接关系着系统的稳定与硬件的使用寿命。尤其是在硬件升级换代的今天，虽然工艺上的改进可以降低 CPU 的功率，但是高速硬盘、高档显卡、高档声卡层出不穷，使相当一部分电源不堪重负。因此，选择一款牢靠够用的电源是计算机能够稳定使用的基础，本节主要介绍 ATX 电源。

2.7.1　电源简介

ATX 电源是为计算机供电的设备，作用是把 220V 的交流电转换成计算机内部使用的 3.3V、5V、12V、24V 的直流电。从外观看，ATX 电源有一个方形的外壳，它的一端有很多输出线及接口，另一端有散热风扇，如图 2-48 所示。

> **提示**
>
> ATX 电源主要有两个版本，一个是 ATX 1.01 版，另一个是 ATX 2.01 版。2.01 版与 1.01 版的 ATX 电源除散热风扇的位置不一样外，它们的激活电流也不同。1.01 版只有 100mA，2.01 版则有 500~720mA。这意味着 2.01 版的 ATX 电源不会像 1.01 版那样"过敏"——经常会受外界电压波动的影响而自行启动计算机。

图 2-48　电源

2.7.2 电源的接头

电源的接头是为不同设备供电的接口，电源的接头主要有主板电源接头、硬盘/光驱电源接头等。

1. 主板电源接头

主板电源接头如图 2-49~图 2-51 所示。其中，图 2-49 所示为 24 针接头，图 2-50 所示为 20 针接头，图 2-51 所示为 CPU 供电接头，它们专为 CPU 供电而设。

图 2-49　24 针接头　　　　图 2-50　20 针接头　　　　图 2-51　CPU 供电接头

> 🐾 提示
>
> ATX 电源有+12V、-12V、+5V、-5V、+3.3V 等几种不同的输出电压。正常情况下，电压的输出变化范围允许误差一般在 5%之内，不能有太大范围的波动，否则容易出现死机和数据丢失的情况。

2. 硬盘/光驱电源接头

图 2-52 所示为串行接口硬盘和光驱的电源接头，图 2-53 所示为 IDE 接口硬盘和光驱的电源接头。

图 2-52　串行电源接头　　　　　　　　图 2-53　IDE 电源接头

2.7.3　电源的选购常识

选购电源时，需要注意电源的品牌、输入技术指标、安全认证、功率的选择、电源重量、线材和散热孔等，具体如下。

▽ 品牌：目前市场上比较有名的品牌有航嘉、游戏悍将(如图 2-54 所示)、金河田(如图 2-55 所示)、鑫谷、长城机电、百盛、世纪之星以及大水牛等，这些都通过了 3C 认证，用户可放心选购。

图 2-54　游戏悍将电源　　　　　　　　图 2-55　金河田电源

▽ 输入技术指标：输入技术指标有输入电源相数、额定输入电压以及电压的变化范围、频率、输入电流等。一般这些参数及认证标准在电源的铭牌上都有明显的标注。

▽ 安全认证：安全认证也是一个非常重要的环节，因为它代表电源达到的质量标准。电源比较有名的认证标准是 3C 认证，它是中国国家强制性产品认证的简称，将 CCEE(长城认证)、CCIB(中国进口电子产品安全认证)和 EMC(电磁兼容认证)三证合一。一般的电源都会符合这个标准，若不符合，最好不要选购。

▽ 功率的选择：虽然现在大功率的电源越来越多，但是并非电源的功率越大就越好，最常见的是 350W 的电源。一般要满足整台计算机的用电需求，最好有一定的功率余量，尽量不要选小功率电源。

▽ 电源重量：通过重量往往能检测出电源是否符合规格。一般来说，好的电源外壳一般都使用优质钢材，材质好、质厚，所以较重的电源，材质都比较好。电源内部的零件，如变压器、散热片等，同样重的比较好。优质电源使用的应为铝制甚至铜制的散热片，而且体积越大散热效果越好。一般散热片都做成梳状，齿越深，分得越开，厚度越大，散热效果越好。基本上很难在不拆开电源的情况下看清楚散热片，所以最直观的办法就是从重量上去判断。优质的电源，一般会增加一些元件，以提高安全系数，所以重量自然会有所增加。劣质电源则会省掉一些电容和线圈，重量就比较轻。

▽ 线材和散热孔：电源所使用的线材粗细，与它的耐用度有很大的关系。较细的线材，长时间使用，常常会因为过热而烧毁。另外，电源外壳上面或多或少都有散热孔，电源在工作的过程中，温度会不断升高，除了通过电源内附的风扇散热外，散热孔也是加大空

气对流的重要设施。原则上电源的散热孔面积越大越好，但是要注意散热孔的位置，位置放对才能使电源内部的热量及早排出。

2.8 选购机箱

机箱作为一个可以长期使用的计算机配件，用户一次性不妨投入更多资金，这样既能取得更好的使用品质，同时也不会因为产品更新换代而出现机箱贬值的情况。即使以后计算机升级换代了，以前的机箱仍可继续使用。

2.8.1 机箱简介

机箱作为计算机配件的一部分，作用是防止计算机受损和固定各个计算机配件，起到承托和保护的作用。此外，机箱还具有屏蔽电磁辐射的作用。计算机的机箱对于其他硬件设备而言，更多的技术体现在改进制作工艺、增加款式品种等方面。市场上大多数机箱厂商在技术方面的改进都体现在内部结构中的一些小地方，如电源、硬盘托架等。

目前，市场上流行的机箱的主要技术参数有以下几个。

▽ 电源下置技术：电源下置技术就是将电源安装在机箱的下方。现在越来越多的机箱开始采用电源下置的做法，这样可以有效避免处理器附近的热量堆积，提高机箱的散热性能。

▽ 支持固态硬盘：随着固态硬盘技术的出现，一些高端机箱预留出能够安装固态硬盘的位置，方便用户以后对计算机进行升级，如图 2-56 所示。

▽ 无螺丝机箱技术：为了方便用户打开机箱盖，不少机箱厂家设计出了无螺丝机箱，无须使用工具便可完成硬件的拆卸和安装。机箱连接大部分采用锁扣镶嵌或手拧螺丝；驱动器的固定采用插卡式结构；而扩展槽位的板卡也使用塑料卡口和金属弹簧片来固定；打开机箱，装卸驱动器、板卡都可以不用螺丝刀，因而加快了操作速度，如图 2-57 所示。

图 2-56 预留固态硬盘安装位置

图 2-57 无螺丝机箱

2.8.2 机箱的作用

机箱的作用主要有以下 3 个方面。

▽ 机箱提供空间给电源、主板、各种扩展板卡、光盘驱动器、硬盘驱动器等设备，并通过机箱内部的支撑、支架、各种螺丝或卡子、夹子等连接件将这些配件固定在机箱内部，形成集约型整体。

▽ 机箱坚实的外壳保护着板卡、电源及存储设备，能防压、防冲击、防尘，并且还能起到防电磁干扰、防辐射的作用，起屏蔽电磁辐射的功能。

▽ 机箱还提供了许多便于使用的面板开光指示灯等，让用户更方便地操作计算机或观察计算机的运行情况。

2.8.3　机箱的种类

目前的主流机箱为 ATX 机箱，除此之外，还有一种 BTX 机箱。

1. ATX 机箱

现在的主流机箱仍是 ATX 机箱，这种机箱不仅支持 ATX 主板，还可安装 AT 主板和 Micro ATX 主板。在 ATX 结构的机箱中，主板安装在机箱的左上方，并且横向放置，而电源则安装在机箱的右上方，机箱前方的位置则预留给存储设备。但机箱内部的散热器在封闭机箱后散热效果大打折扣，如图 2-58 所示。

2. BTX 机箱

BTX 机箱是基于 BTX(Balanced Technology Extended)标准的机箱产品。BTX 是 Intel 定义并引导的桌面计算平台新规范，BTX 机箱与 ATX 机箱最明显的区别，就在于把以往只在左侧开启的侧面板改到了右侧。而其他 I/O 接口，也都相应改到了相反的位置。另外，BTX 机箱支持窄板设计。BTX 机箱最让人瞩目的设计就在于散热方面的改进。CPU、显卡和内存的位置相比 ATX 架构完全不同，CPU 完全被移到了机箱的前板而不是后部，这是为了更有效地利用散热设备，提升对机箱内各个设备的散热功能。除了位置变换之外，在主板的安装上，BTX 机箱也进行了重新规范，其中最重要的是 BTX 机箱拥有可选的 SRM(Support and Retention Module)支撑保护模块，它是机箱底部和主板之间的一个缓冲区，通常使用强度很高的低碳钢材来制造，能够抵抗较强的外力而不易弯曲，因此可有效防止主板的变形，如图 2-59 所示。

图 2-58　ATX 机箱

图 2-59　BTX 机箱

2.8.4 机箱的选购常识

机箱是计算机的外衣，是计算机展示的外在硬件，更是计算机其他硬件的保护伞。所以，在选购机箱时应注意以下几点。

1. 机箱的主流外观

机箱的外观主要集中在两个方面：面板和箱体颜色。目前市场上出现了很多彩色的机箱，面板更是五花八门，有采用铝合金的，也有采用有机玻璃的，使得机箱看起来非常鲜艳新颖。机箱从过去的单一色逐渐发展为彩色甚至个性色，如图 2-60 所示。

图 2-60　机箱的主流外观

2. 机箱的材质

机箱的材质相对于外观，分量就重了许多，因为整个机箱的好坏由材质决定。目前机箱的材质也出现了多元化的趋势，除了传统的钢材，在高端机箱中甚至出现了铝合金材质和有机玻璃材质。这些材质各有特色，钢材最大众化，而且散热强度非常不错；铝合金作为一种新型材料，外观上更漂亮，但在性能上和钢材差别不大；而有机玻璃就属于时尚产品了，做出的全透明机箱确实很吸引人的眼球，但散热性能不佳是其最大缺点。

做工是另外一个重要的问题，做工包括以下几个方面。

▽ 卷边处理：一般对于钢材机箱，由于钢板材质相对来说还是比较薄的，因此不做卷边处理就可能划伤手，给安装造成很多不便。

▽ 烤漆处理：一般对于钢材机箱烤漆是必需的，人们都不希望机箱用了很短的时间就出现锈斑，因此烤漆十分重要。

▽ 模具质量：观察机箱尺寸是否规整。如果做得不好，用户安装主板、板卡、外置存储器等设备时就会出现螺丝错位的现象，导致不能上螺丝或者不能上紧螺丝，这对于脆弱的主板或板卡是非常致命的。

▽ 元件质量：机箱还有很多小的元件，典型的有开关、导线和 LED 灯等，这些元件虽小却也非常重要。例如，开关不好，经过较长时间使用后可能出现短路或断路的现象，严重影响计算机的正常使用。

3．机箱的布局

布局设置包括很多方面的内容，布局与机箱的可扩展性、散热性有很大的关系。例如，风扇的位置会影响到机箱的散热状况以及噪声的问题。再如，硬盘的布局如果不合理，即使有很多扩展槽也仍然不能安装很多硬盘，严重影响扩展能力。

4．机箱的散热性

散热性对于机箱尤其重要，许多厂商都以此作为卖点。机箱的散热性包括以下 3 个方面：材料的散热性、机箱整体散热情况、散热装置的可扩充性。

5．机箱的安全设计

机箱材料是否导电，是关系到机箱内部的计算机配件是否安全的重要因素。如果机箱材料不导电，那么产生的静电就不能由机箱底壳导到地面，严重的话会导致机箱内部的主板烧坏。涂了冷镀锌的机箱导电性较好。只涂了防锈漆甚至普通漆的机箱，导电性是不过关的。

6．机箱的电磁屏蔽

机箱内部充满了各种频率的电磁信号，良好的电磁屏蔽，不仅对于计算机有好处，而且更对人体的健康有不可忽视的意义，实际上计算机的辐射远比想象的大得多。

想拥有良好的电磁屏蔽，就要尽量减小外壳的开孔和缝隙。具体来说，就是机箱上不能有超过 3cm 的开孔，并且所有可拆卸部件必须能够和机箱导通。在机箱上用来做到这一点的部件就是常说的屏蔽弹片，它们的作用就是将机箱骨架和其他部件连为一体，防止电磁波的泄漏。

虽然旋转的风扇对于电磁波也有一定的屏蔽作用，但其电磁屏蔽性能大大下降绝对是不争的事实，此时金属过滤网是决不能去掉的。另外，风扇经过长时间的转动后，会积攒不少灰尘，只有加装可拆卸清洗的过滤网，才能解决这个问题，否则不仅影响风扇的工作效率，清洗时也非常麻烦。

7．机箱的发展

综观计算机发展历史，机箱在整个硬件发展过程中，一直在硬件舞台的背后默默无闻地成长，虽然其发展速度与其他主要硬件相比要慢很多，但也经历了几次大的变革。从 AT 架构机箱到 ATX 架构机箱，再到后来推出却又推广乏力的 BTX 架构机箱，以及如今非常盛行的 38 度机箱，内部布局更加合理，散热效果更理想，再加上更多人性化的设计，无疑给个人计算机带来更好的"家"。

机箱架构的变化从侧面反映了个人计算机硬件系统发生的变化，而功能的变化则更加体现了消费者对个人计算机使用舒适性和人性化的要求。近年来，各种实用的功能在计算机机箱上纷纷亮相。例如可发送和接收红外线的创导机箱、带触摸屏的数字机箱、集成负离子发生器的绿色机箱等，极大地扩展了机箱的功能，全折边、免螺丝设计、防辐射弹片已经成为机箱的标准功能配置，同时也方便了消费者使用。相信随着机箱产品同质化愈演愈烈，机箱厂商一定会开拓出更多、更实用的功能来满足消费者的不同需求。

计算机基础与实训教程系列

2.9 选购显示器

显示器是用户与计算机交流的窗口，选购一台优质的显示器可以大大减少人们使用计算机时的疲劳感。液晶显示器凭借高清晰、高亮度、低功耗、占用空间小和影像显示稳定不闪烁等优势成为显示器市场上的主流产品。

2.9.1 显示器简介

显示器属于计算机的I/O设备，是一种将一定的电子文件通过特定的传输设备显示到屏幕上，再反射到人眼的显示工具。

1. 常见类型

显示器可以分为LCD、LED、3D显示器等多种类型，目前市场上常见的显示器大多为LCD显示器(液晶显示器)。

▽ LCD显示器：LCD显示器是目前市场上最常见的显示器类型，优点是机身薄、占用空间小并且辐射小，如图2-61所示。

▽ LED显示器：这是一种通过控制半导体发光二极管的显示方式，用来显示文字、图形、图像、动画、行情、视频、录像信号等各种信息的显示器，如图2-62所示。

图 2-61 LCD 显示器 　　　　　　　　　　图 2-62 LED 显示器

▽ 3D显示器：3D显示器一直被公认为显示技术发展的终极梦想，经过多年的研究，现已开发出须佩戴立体眼镜和不须佩戴立体眼镜的两大立体显示技术体系。

> **提示**
>
> 传统的3D电影在荧幕上有两组图像(来源于在拍摄时互成角度的两台摄影机)，观众必须戴上偏光镜才能消除重影(让一只眼只看到一组图像)，形成视差，产生立体感。

2. 性能指标

显示器的性能指标包括尺寸、可视角度、亮度、对比度、分辨率、色彩数量和响应时间等。

▽ 尺寸：显示器的尺寸是指屏幕对角线的长度，单位为英寸。显示器的尺寸是用户最为关心的性能指标，也是用户可以直接从外表识别的参数。目前市场上主流显示器的尺寸包括 21.5 寸、23 寸、23.6 寸、24 寸(如图 2-63 所示)以及 27 寸。

▽ 可视角度：一般而言，液晶的可视角度都是左右对称的，但上下不一定对称，常常是垂直角度小于水平角度。可视角度越大越好，用户必须了解可视角度的定义。当可视角度是 170°左右时，表示站在始于屏幕法线 170°的位置时仍可清晰看见屏幕图像。但每个人的视力不同，因此以对比度为准。目前主流显示器的水平可视角度为 170°，垂直可视角度为 160°，如图 2-64 所示。

图 2-63　24 寸的显示器

图 2-64　显示器的可视角度

▽ 亮度：显示器的亮度以流明为单位，并且亮度普遍在 250 流明到 500 流明之间。需要注意的一点是，市面上的低档显示器存在严重亮度不均匀的现象，中心的亮度和距离边框部分区域的亮度差别比较大。

▽ 对比度：对比度直接体现显示器能够显示的色阶，对比度越高，还原的画面层次感就越好，即使在观看亮度很高的照片时，黑暗部位的细节也可以清晰体现。

▽ 分辨率：显示器的分辨率一般不能任意调整，而由制造商设置和规定。例如，20 寸显示器的分辨率为 1600 像素×900 像素，23 寸、23.5 寸以及 24 寸显示器的分辨率常为 1920像素×1080 像素，等等。

▽ 色彩数量：目前大多数显示器采用 18 位色(共计 262 144 种颜色)。现在的操作系统与显卡完全支持 32 位色，但用户在日常应用中接触最多的依然是 16 位色，而且 16 位色对于现在常用的软件和游戏来说都可以满足用户需要。虽然显示器在硬件上还无法支持 32 位色，但可以通过技术手段来模拟色彩显示，达到增加色彩数量的目的。

▽ 响应时间：响应时间反映了显示器各像素点对输入信号的反应速度，也就是像素点在接收到驱动信号后从最亮变到最暗的转换时间。

2.9.2　显示器的选购常识

用户在选购显示器时，应首先询问显示器的质保时间，质保时间越长，用户得到的保障也就越多。此外，在选购显示器时，还需要注意以下几点。

▽　选择数字接口的显示器：用户在选购时还应该看看显示器是否具备 DVI(如图 2-65 所示)或 HDMI(如图 2-66 所示)数字接口。在实际使用中，数字接口相比 D-SUB(如图 2-67 所示)模拟接口的显示效果更加出色。

图 2-65　DVI 接口　　　　　图 2-66　HDMI 接口　　　　　图 2-67　D-SUB 接口

▽　检查是否有坏点、暗点、亮点：亮点分为两种，第一种是在黑屏情况下单纯地呈现红色、绿色、蓝色的点；第二种是在切换至红色、绿色、蓝色显示模式时，只在其中一种显示模式下有白色点，同时在另外两种显示模式下均有其他色点的情况，这种情况表明同一个像素中存在两个亮点。暗点是指白屏情况下出现非单纯红色、绿色、蓝色的色点。坏点是比较常见也比较严重的情况，是指白屏情况下纯黑色的点或者黑屏情况下纯白色的点。

▽　选择响应时间：在选择同类产品的时候，一定要认真地阅读产品技术指标说明书，因为很多中小品牌的显示器厂商在编写说明书的时候，可能采用欺骗消费者的手法。其中最常见的，便是在响应时间这个重要参数上做手脚，这种产品指标说明往往不会明确地标出响应时间是单程还是双程，而仅仅标出响应时间，使之看起来比其他显示器品牌的响应时间要短。因此，在选择的时候，一定要明确这些指标是单程还是双程。

▽　选择分辨率：显示器只支持所谓的真实分辨率，只有在真实分辨率下，才能显现最佳影像。在选购显示器时，一定要确保能支持所使用软硬件的原始分辨率。不要盲目追求高分辨率。日常使用时一般 32 寸显示器的最佳分辨率为 1920 像素×1080 像素。

▽　选购显示器的另一个重要因素就是外观。之所以放弃传统的 CRT 显示器而选择 LED 显示器，除了辐射之外，另一个主要的原因就是 LED 显示器的体积小，产品外观时尚、灵活。

2.10　选购键盘

键盘是最常见、最重要的计算机输入设备。虽然现如今，鼠标和手写输入的应用越来越广泛，但在文字输入领域，键盘依旧有着不可动摇的地位，是用户向计算机输入数据和控制计算机的基本工具。

2.10.1　键盘简介

键盘是最常见的计算机输入设备，被广泛应用于计算机和各种终端设备。用户通过键盘向计算机输入各种指令、数据，指挥计算机工作。将计算机的运行情况输出到显示器后，人们可以很方便地利用键盘和显示器与计算机对话，对程序进行修改、编辑，控制和观察计算机的运行。

键盘是用户直接接触使用的计算机硬件设备，为了能够让用户可以更加舒适、便捷地使用键盘，键盘厂商推出了一系列键盘新技术。

▽ 人体工程学技术：使用了人体工程学技术的键盘能避免用户扭转较大幅度，这种键盘一般呈现中间突起的三角结构，或者在水平方向上按一定角度弯曲按键。这样的键盘相比传统键盘使用起来更省力，而且长时间操作不易疲劳。

▽ USB HUB 技术：随着 USB 设备种类的不断增多，如网卡、移动硬盘、数码设备、打印机等，计算机主板上的 USB 接口越来越不能满足用户的需求。所以，目前有些键盘集成了 USB HUB 技术，扩展了 USB 接口数量，方便用户连接更多的外部设备，如图 2-68 所示。

▽ 多功能键技术：现在一些键盘厂商在设计键盘时，加入了一些计算机常用功能的快捷键，如视频播放控制键、音量开关与大小键等。使用这些多功能键，用户可以方便地完成一些常用操作，如图 2-69 所示。

图 2-68　USB HUB 技术

图 2-69　多功能键技术

▽ 无线技术：使用了无线技术的键盘，键盘盘体与计算机之间没有直接的物理连线，一般通过红外或蓝牙设备进行数据传递。

2.10.2　键盘的分类

键盘是用户和计算机进行沟通的主要工具，用户通过键盘输入需要处理的数据和命令，使计算机完成相应的操作。键盘根据不同的分类有以下几种。

1. 按接口分类

键盘的接口有多种：PS/2 接口(如图 2-70 所示)、USB 接口(如图 2-71 所示)和无线接口(如图 2-72 所示)。这几种接口只是接口插槽不同，在功能上并无区别。其中，USB 接口支持热插拔。使用无线接口的键盘利用无线电传输信号，这种键盘的优点是不受地形的影响。

图 2-70　PS/2 接口　　　　　图 2-71　USB 接口　　　　　图 2-72　无线接口

2. 按外形分类

键盘按外形分为矩形键盘(如图 2-73 所示)和人体工程学键盘(如图 2-74 所示)两种。人体工程学键盘在造型上相比传统矩形键盘有了很大的区别，在外形上设计为弧形，并在传统的矩形键盘上增加了托，减轻了长时间悬腕或塌腕的劳累感。目前人体工程学键盘分为固定式、分体式和可调角度式等。

图 2-73　矩形键盘　　　　　　　　　　图 2-74　人体工程学键盘

3. 按内部构造分类

键盘按照内部构造的不同，可分为机械式键盘与电容式键盘。

机械式键盘一般由 PCB 触点和导电橡胶组成，如图 2-75 所示。当按下按键时，导电橡胶与触点接触，开关接通；按键抬起时，导电橡胶与触点分离，开关断开。这种键盘具有工艺简单、噪音大、易维护、打字时节奏感强、长期使用手感不会改变等特点。

电容式键盘无触点开关，开关内由固定电极和活动电极组成可变的电容器，如图 2-76 所示。按键按下或抬起将带动活动电极动作，引起电容的变化，设置开关的状态。这种键盘由于借助非机械力量，因此按键声音小、手感较好、寿命较长。

图 2-75　机械式键盘

图 2-76　电容式键盘

2.10.3　键盘的选购常识

对于普通用户而言，应选择一款操作舒适的键盘。此外，在购买键盘时，还应注意键盘的以下几个性能指标。

▽ 可编程的快捷键：目前，键盘正朝着多功能的方向发展，许多键盘除了标准的 104 键外，还有几个甚至十几个附加功能键。这些不同的按键可以实现不同的功能。

▽ 按键灵敏度：如果用户使用计算机来完成一项精度要求很高的工作，往往需要频繁地将信息输入计算机中。如果键盘按键不灵敏，就会出现按键失效的情况。例如，按下按键后，对应的字符并没有出现在屏幕上；或者按下某个键，对应键周围的其他 3 个或 4 个键都被同时激活。

▽ 键盘的耐磨性：键盘的耐磨性也是十分重要的，这也是识别键盘好坏的关键参数之一。一些不知名品牌的键盘，按键上的字符都是直接印上去的，这样用不了多久，上面的字符就会被磨掉。而好的键盘是用激光将字符刻上去的，耐磨性大大增强。

2.11　选购鼠标

鼠标是 Windows 操作系统中必不可少的外设之一，用户可以通过鼠标快速地对屏幕上的对象进行操作。本节将详细介绍鼠标的相关知识，帮助用户选购适合自己使用的优质鼠标。

2.11.1　鼠标简介

鼠标是最常用的计算机输入设备之一，可以简单分为有线鼠标和无线鼠标两种。其中，有线鼠标根据接口不同，又可分为 PS/2 接口鼠标和 USB 接口鼠标两种。

除此之外，根据鼠标工作原理和内部结构的不同又可分为机械式鼠标、光机式鼠标和光电式鼠标 3 种。其中，光电式鼠标为当前主流鼠标。光电式鼠标已经能够在兼容性、指针定位等方面满足绝大部分计算机用户的基本需求，最新的技术信息如下。

计算机基础与实训教程系列

▽ 多键鼠标：多键鼠标是新一代的多功能鼠标，比如有的鼠标带有滚轮，极大方便了上下翻页；有的新型鼠标除了有滚轮，还增加了拇指键等快速按键，进一步简化了操作，如图 2-77 所示。

▽ 人体工程学技术：和键盘一样，鼠标是用户直接接触使用的计算机设备，采用了人体工程学技术的鼠标，可以让用户使用起来更加舒适，并且降低使用疲劳感，如图 2-78 所示。

图 2-77　多键鼠标　　　　　　　　　　　　图 2-78　人体工程学鼠标

▽ 无线鼠标：无线鼠标是为了适应大屏幕显示器而生产的。所谓"无线"，是指没有电线连接，而采用两节七号或五号电池进行无线遥控，鼠标器有自动休眠功能，电池可用上一年，如图 2-79 所示。

▽ 3D 振动鼠标：3D 振动鼠标不仅可以当作普通鼠标使用，而且具有以下几个特点：1) 具有全方位的立体控制能力，具有前、后、左、右、上、下 6 个移动方向，而且可以组合出前右、左下等移动方向；2) 外形和普通鼠标不同，一般由一个扇形的底座和一个能够活动的控制器构成；3) 具有振动功能，即触觉回馈功能，例如玩某些游戏时，当你被敌人击中时，你会感到鼠标也振动了；4) 3D 振动鼠标是真正的三键式鼠标，无论 DOS 还是 Windows 环境，鼠标的中键和右键都能派上用场；如图 2-80 所示。

图 2-79　无线鼠标　　　　　　　　　　　图 2-80　3D 振动鼠标

2.11.2　鼠标的性能指标

鼠标是操作计算机必不可少的输入设备，是一种屏幕指定装置，不能直接输入字符和数字。在图形处理软件的支持下，在屏幕上使用鼠标处理图形比使用键盘方便。

鼠标的一个重要性能指标是反应速度，由它的扫描频率决定。目前，鼠标的扫描频率一般在6000 次/秒左右，最高追踪速度可以达到 37 英寸/秒。扫描频率越高，越能精确地反映出鼠标的细微移动。鼠标的另一个重要性能指标是分辨率，用 dpi 表示。通常使用 800dpi，表示鼠标每移动一英寸，屏幕上的指针可移动 800 个点。分辨率越高，鼠标需要的最小移动距离就越小。因此，只有在使用大分辨率的显示器时，高分辨率的鼠标才有用武之地。对于大多数用户来说，800dpi已经绰绰有余。

2.11.3　鼠标的选购常识

目前，市场上的主流鼠标为光电式鼠标。用户在选购光电式鼠标时应注意点击分辨率、光学扫描率、色盲问题等几项参数，具体如下。

▽ 点击分辨率：点击分辨率是指鼠标内部的解码装置所能辨认的每英寸长度内的点数，是一款鼠标性能高低的决定性因素。目前，优质的光电式鼠标，点击分辨率往往达到 800dpi以上。

▽ 光学扫描率：光学扫描率是指鼠标的光眼在每一秒接收光反射信号并转换为数字电信号的次数。鼠标的光眼每秒所能接收的扫描次数越高，鼠标就越能精确地反映出光标移动的位置，反应速度也就越灵敏，也就不会出现由于光标跟不上鼠标的实际移动而上下飘移的现象。

▽ 色盲问题：对于鼠标的光眼来说，有些光电转换器只能对一些特定波长的色光形成感应并进行光电转换，而并不能适应所有的颜色。这就出现了光电式鼠标在某些颜色的桌面上使用时会出现不响应或光标遗失的现象，从而限制了光电式鼠标的使用环境。而一款技术成熟的鼠标，则会对光电转换器的色光感应技术进行改进，使其能够感知各种颜色的光，以保证在各种颜色的桌面和材质上都可以正常使用。

2.12　选购声卡和音箱

声卡与音箱是能提升计算机声音效果的硬件设备，下面介绍声卡与音箱的特点与选购要点，帮助用户选购适合自己使用的声卡和音箱。

2.12.1　选购声卡

声卡(Sound Card)也叫音频卡，是多媒体技术中最基本的组成部分，是实现声波/数字信号相互转换的一种硬件。声卡与显卡一样，分为独立声卡与集成声卡两种，目前大部分主板都提供了集成声卡，独立声卡已逐渐淡出普通计算机用户的视野。但独立声卡拥有更多的滤波电容以及功放管，经过数次的信号放大，经降噪电路处理，使得输出音频的信号精度提升，在音质输出效果方面较集成声卡要好很多，图2-81所示为独立声卡。

图2-81　独立声卡

用户在选购一款独立声卡时，应综合声卡的声道数量(越多越好)、信噪比、频率响应、复音数量、采样位数、采样频率、多声道输出以及波表合成方式与波表库容量等参数进行选择。

2.12.2　选购音箱

音箱又称扬声器系统，通过音频信号线与声卡相连，是整个计算机音响系统的最终发声部件，作用类似于人类的嗓音。计算机所能发出声音的效果，取决于声卡与音箱的质量。

在如今的音箱市场上，成品音箱品牌众多，质量参差不齐，价格也天差地别。用户在选购音箱时，应通过试听判断效果是否能达到自己的需求，包括声音的特性、声音染色以及音调的自然平衡效果等，图2-82所示为计算机的常见音箱。

图2-82　音箱

2.13 实例演练

本章的实例演练是拆卸计算机主机的内部硬件,使用户更好地理解计算机主机中各硬件的组装结构。

【例 2-1】 使用工具拆卸计算机主机的内部硬件。

(1) 关闭计算机电源后,断开一切与计算机相连的电源,然后拆卸计算机主机背面的各种接头,断开主机与外部设备的连接,如图 2-83 所示。

(2) 拧下固定主机机箱背面的面板螺丝后,卸下机箱右侧面板即可打开主机机箱,看到内部的各种配件,如图 2-84 所示。

图 2-83 拆卸接头

图 2-84 拧下螺丝

(3) 打开计算机主机机箱后,在机箱的主要区域可以看到计算机的主板、内存、CPU、各种板卡、驱动器以及电源,如图 2-85 所示。

(4) 在计算机主机中,内存一般位于 CPU 的旁边,用手掰开两侧的固定卡扣后,即可拔出内存条,如图 2-86 所示。

图 2-85 查看主机内部结构

图 2-86 拔出内存条

(5) 在计算机主机中,CPU 的上方一般安装有散热风扇。解开 CPU 散热风扇上的扣具后,可以将其卸下,然后拉起 CPU 插座上的压力杆即可取出 CPU,如图 2-87 所示。

(6) 卸下固定各种板卡(例如显卡)的螺丝后,即可将它们从主机中取出(注意主板上的固定卡扣），如图 2-88 所示。

(7) 拔下连接各种驱动器的数据线和电源线后，拆掉驱动器支架上用于固定驱动器的螺丝后，可以将主板从驱动器支架上取出。

图 2-87　卸下 CPU

图 2-88　卸下显卡

2.14　习题

1. 主流 CPU 有哪些？
2. 内存的主要性能指标有哪些？
3. 选购硬盘时需要注意哪些问题？
4. 选购显卡时需要注意哪些问题？
5. 简述键盘和鼠标的分类。

第3章

组装计算机

计算机的组装过程实际并不复杂，即使是计算机初学者也可以轻松完成，但要保证组装的计算机性能稳定、结构合理，用户还需要遵循一定的流程。本章将详细介绍组装一台计算机的具体操作步骤。

本章重点

- 做好组装准备
- 连接数据线和电源线
- 安装计算机主机配件
- 连接计算机外部设备

3.1 做好组装准备

在开始准备组装一台计算机之前，用户需要提前做一些准备工作，这样才能有效地处理装机过程中可能出现的各种情况。一般来说，在组装计算机配件之前，需要进行硬件与软件两方面的准备工作。

3.1.1 准备工具

组装计算机前的硬件准备指的是在装机前准备包括工作台、螺丝刀、尖嘴钳、镊子、导热硅脂、绑扎带、排型电源插座、器皿等装机必备的工具。这些工具在用户装机时，起到的具体作用如下。

▽ 工作台：平稳、干净的工作台是必不可少的。需要准备一张桌面平整的桌子，在桌面上铺上一张防静电桌布，即可作为简单的工作台。

▽ 螺丝刀：螺丝刀(又称螺丝起子)是安装和拆卸螺丝钉的专用工具。常见的螺丝刀有一字螺丝刀(又称平口螺丝刀)和十字螺丝刀(又称梅花口螺丝刀)两种。其中，十字螺丝刀在组装计算机时，常被用于固定硬盘、主板或机箱等配件；而一字螺丝刀的主要作用则是拆卸计算机配件产品的包装盒或封条，一般不经常使用，如图 3-1 所示。

▽ 尖嘴钳：尖嘴钳又称为尖头钳，是一种运用杠杆原理的常见钳形工具，如图 3-2 所示。在装机之前准备尖嘴钳的目的是拆卸机箱上的各种挡板或挡片。

图 3-1 螺丝刀

图 3-2 尖嘴钳

▽ 镊子：镊子在装机时的主要作用是夹取螺丝钉、线帽和各类跳线(如主板跳线、硬盘跳线等)。

▽ 导热硅脂：导热硅脂是安装风冷式散热器必不可少的用品，功能是填充各类芯片(如 CPU 与显卡芯片等)与散热器之间的缝隙，协助芯片更好地进行散热，如图 3-3 所示。

▽ 绑扎带：绑扎带主要用来整理机箱内部的各种数据线，使机箱更简洁、干净，如图 3-4 所示。

> **提示**
>
> 跳线实际上就是连接电路板(PCB)需求点的金属连接线，因产品设计不同，跳线的使用材料、粗细都不一样。计算机主板、硬盘和光驱等设备都设计有跳线，但体积较小，不易徒手拾取。

图 3-3　导热硅脂

图 3-4　绑扎带

▽ 排型电源插座：计算机硬件中有多种设备需要与市电进行连接，因此，用户在装机前至少需要准备一个多孔万用型插座，以便在测试计算机时使用，如图 3-5 所示。

▽ 器皿：在组装计算机时，会用到许多螺丝和各类跳线，这些物件体积较小，用器皿将它们收集在一起可以有效提高装机效率，如图 3-6 所示。

图 3-5　排型电源插座

图 3-6　器皿

除了安装工具，同时还要检查计算机自带的各种零配件是否齐全。组装计算机需要准备的配件主要有：显示器、机箱、电源、主板、CPU、内存条、显卡、声卡、网卡、硬盘、光驱、键盘、鼠标及各种信号线等。

零件包在机箱内，一般包括固定螺丝、铜柱螺丝、挡板等。固定螺丝用于固定硬盘板卡等设备，铜柱螺丝用于固定主板。固定螺丝分为三种：细纹螺丝、大粗纹螺丝、小粗纹螺丝，图 3-7 所示为各种固定螺丝。光驱适合用细纹螺丝固定，硬盘、挡板适合用小粗纹螺丝固定，机箱、电源适合用大粗纹螺丝固定。

图 3-7　固定螺丝

计算机基础与实训教程系列

3.1.2　准备软件

组装计算机前的软件准备，指的是在开始组装计算机前预备好计算机操作系统的安装光盘和装机必备的各种软件光盘(或移动存储设备)。

▽ 解压缩软件：此类软件用于压缩与解压缩文件，常见的解压缩软件有 WinRAR、ZIP 等。

▽ 视频播放软件：此类软件用于在计算机中播放视频文件，常见的视频播放软件有暴风影音、RealPlayer、KmPlayer 和 WMP 9/10/11 等。

▽ 音频播放软件：此类软件用于在计算机中播放音频文件，常见的音频播放软件有酷狗音乐、千千静听、网易云音乐和 QQ 音乐等。

▽ 输入法软件：常见的输入法软件有搜狗拼音、微软拼音、王码五笔、万能五笔等。

▽ 系统优化软件：此类软件用于对 Windows 系统进行优化配置，常见的系统优化软件有 Windows 优化大师和鲁大师等。

▽ 图像编辑软件：此类软件用于编辑图形图像，常见的图像编辑软件有光影魔术手、Photoshop 和 ACDSee 等。

▽ 下载软件：常见的下载软件有迅雷、电驴、BitComet 和百度网盘等。

▽ 杀毒软件：常见的杀毒软件有瑞星杀毒、卡巴斯基、金山毒霸、诺顿杀毒和 360 杀毒等。

▽ 聊天软件：常见的聊天软件有 QQ/TM、阿里旺旺、新浪 UT Game 和 Skype 网络电话等。

▽ 木马查杀软件：常见的木马查杀软件有金山清理专家、360 安全卫士和瑞星卡卡等。

> **提示**
>
> 除了上面介绍的各类软件以外，装机时用户还可能需要为计算机安装文字处理软件(如 Word)、防火墙软件(如天网防火墙)以及光盘刻录软件(如 Nero)和虚拟光驱软件(如 Daemon Tools)。

3.1.3　组装中的注意事项

计算机组装是一个细活，安装过程中容易出错，因此需要格外细致，并注意以下问题：

▽ 检测硬件、工具是否齐全。将准备的硬件、工具检查一遍，看看是否齐全，可按安装流程对硬件进行有顺序的排放，并仔细阅读主板及相关部件的说明书，看看是否有特殊说明。另外，硬件一定要放在平稳、安全的地方，防止发生不小心造成的硬件划伤，或者从高处掉落等现象。

▽ 防止静电损坏电子元器件。在装机过程中，要防止人体所带静电对电子元器件造成损坏。在装机前需要消除人体所带的静电，可用流动的自来水洗手，双手可以触摸自来水管、暖气管等接地的金属物，当然也可以佩戴防静电腕带等。

▽ 防止液体浸入电路。将水杯、饮料等含有液体的器皿拿开，远离工作台，以免液体进入主板，造成短路，尤其在夏天工作时，防止汗水的掉落。另外，一定要找一个空气干燥、通风的地方，不可在潮湿的地方进行组装。

▽ 轻拿轻放各配件。组装计算机时，要轻拿轻放各配件，以免造成配件的变形或折断。

3.2　安装计算机主机配件

一台计算机分为主机与外设两大部分，组装计算机的主要工作实际上就是指组装计算机主机中的各个硬件配件。用户在组装计算机主机配件时，可以参考以下流程进行操作。

3.2.1　安装 CPU

组装计算机主机时，通常都会先将 CPU、内存等配件安装至主板上，并安装 CPU 散热器(在选购主板和 CPU 时，用户应确认 CPU 的接口类型与主板上的 CPU 接口类型一致，否则 CPU 将无法安装)。这样做，可以避免在将主板安装到计算机机箱之后，由于机箱狭窄的空间而影响 CPU 和内存的安装。下面将详细介绍在计算机主板上安装 CPU 及 CPU 风扇的相关操作方法。

1. 将 CPU 安装在主板上

CPU 是计算机的核心部件，也是组成计算机的各个配件中较为脆弱的一个。在安装 CPU 时，用户必须格外小心，以免因用力过大或操作不当而损坏 CPU。因此，在正式将 CPU 安装在主板上之前，用户应首先了解主板上的 CPU 插座以及 CPU 与主板相连的针脚。

▽ CPU 插座：支持 Intel CPU 与支持 AMD CPU 的主板虽然 CPU 插座在针脚和形状上稍有区别，并且彼此互不兼容，但常见的插座结构都大同小异，主要包括插座、固定拉杆等部分，如图 3-8 所示。

▽ CPU 针脚：CPU 的针脚与支持 CPU 的主板插座相匹配，其边缘大都设计有相应的标记，与主板上 CPU 插座的标记相对应，如图 3-9 所示。

图 3-8　主板上的 CPU 插座

图 3-9　CPU 的针脚标记

虽然新型号的 CPU 不断推出，但安装 CPU 的方法却没有太大的变化。因此，无论用户使用何种类型的 CPU 与主板，都可以参考下面介绍的步骤完成 CPU 的安装。

计算机基础与实训教程系列

【例 3-1】 在计算机主板上安装 CPU。

(1) 首先，从主板的包装袋(盒)中取出主板，将其水平放置在工作台上，并在其下方垫一块塑料布。

(2) 将主板上 CPU 插座的固定拉杆拉起，掀开用于固定 CPU 的盖子。将 CPU 插入插槽中，要注意 CPU 针脚的方向问题(在将 CPU 插入插槽时，可以先将 CPU 正面的三角标记对准主板上 CPU 插座的三角标记，再将 CPU 插入主板插座)，如图 3-10 所示。

(3) 用手向下按住 CPU 插槽上的锁杆，锁紧 CPU，完成 CPU 的安装操作，如图 3-11 所示。

图 3-10　插入 CPU　　　　　　　　　　　图 3-11　锁紧 CPU

2. 安装 CPU 散热器

由于 CPU 的发热量较大，因此为其安装一款性能出色的 CPU 散热器(即 CPU 风扇)非常关键，但如果散热器安装不当，散热效果也会大打折扣。常见的 CPU 散热器有风冷式与水冷式两种，各自的特点如下：

▽ 风冷式散热器：风冷式散热器比较常见，安装方法也相对水冷式散热器较简单，体积也较小，但散热效果较水冷式散热器要差一些。

▽ 水冷式散热器：水冷式散热器由于较风冷式散热器出现在市场上的时间较晚，因此并不为大部分普通计算机用户所熟悉，但就散热效果而言，水冷式散热器要比风冷式散热器强很多。

【例 3-2】 在 CPU 表面安装风冷式 CPU 散热器。

(1) 在 CPU 上均匀涂抹一层预先准备好的硅脂，这样做有助于将热量由处理器传导至 CPU 风扇，如图 3-12 所示。

(2) 在涂抹硅脂时，若发现有不均匀的地方，可以用手指将其抹平，如图 3-13 所示。

图 3-12　涂抹硅脂　　　　　　　　　　图 3-13　将硅脂抹平

（3）将 CPU 风扇的四角对准主板上相应的位置后，用力压下扣具即可。不同 CPU 风扇的扣具并不相同，有些 CPU 风扇的扣具采用螺丝设计，安装时还需要在主板的背面放置相应的螺母，如图 3-14 所示。

（4）在确认将 CPU 风扇固定在 CPU 上之后，将 CPU 风扇的电源接头连接到主板的供电接口。主板上供电接口的标志为 CPU_FAN，用户在连接 CPU 风扇的电源时应注意的是：目前有三针和四针两种不同的风扇接口，并且主板上有防差错接口设计，如果发现无法将 CPU 风扇的电源接头插入主板供电接口，观察一下电源接口的正反和类型即可，如图 3-15 所示。

图 3-14　安装 CPU 风扇

图 3-15　连接电源

在安装水冷式散热器的过程中，需要用户将主板固定到计算机机箱之后，才能开始安装散热器。

☞【例 3-3】 在 CPU 表面安装水冷式 CPU 散热器。

（1）拆开水冷式 CPU 风扇的包装后，摆好全部设备和附件，如图 3-16 所示。

（2）在主板上安装水冷式散热器的背板。用螺丝将背板固定在 CPU 插座四周预留的白色安装线内，如图 3-17 所示。

图 3-16　水冷式 CPU 风扇的全部配件

图 3-17　固定风扇背板

（3）接下来，将散热器的塑料扣具安装在主板上。此时，不要将固定螺丝拧紧，稍稍拧住即可，如图 3-18 所示。

（4）在 CPU 水冷头的周围和扣具的内部都有塑料的互相咬合的凸起，将它们放置到位后，稍微一转，CPU 水冷头即可安装到位。这时，再将扣具四周的四个弹簧螺钉拧紧即可，如图 3-19 所示。

图 3-18　安装散热器

图 3-19　拧紧弹簧

(5) 最后，使用水冷式散热器附件中的长螺丝先穿过风扇，再穿过螺钉孔，将散热器固定在机箱上，如图 3-20 所示。

图 3-20　固定散热器

3.2.2　安装内存

完成 CPU 和 CPU 风扇的安装后，用户可以将内存一并安装在主板上。若用户购买了 2 根或 3 根内存条，想组成多通道系统，则在安装内存前，还需要查看主板说明书，并根据主板说明书中的介绍将内存插在同色或异色的内存插槽中。

【例 3-4】　在计算机主板上安装内存。

(1) 在安装内存时，先用手将内存插槽两端的扣具打开，如图 3-21 所示。

(2) 将内存平行放入内存插槽中，用两根拇指按住内存条两端轻微向下压，如图 3-22 所示。

图 3-21　打开扣具　　　　　　　　　　　　　图 3-22　放入内存条

(3) 听到"啪"的一声响后，说明内存安装到位，如图 3-23 所示。

(4) 在主板上安装内存时，注意双手要凌空操作，不可触碰到主板上的电容和其他芯片，如图 3-24 所示。

图 3-23　安装到位　　　　　　　　　　　　　图 3-24　注意操作方式

> 😺 **提示**
>
> 　　主板上的内存插槽一般采用两种不同颜色来区分双通道和单通道。将两条规格相同的内存插入到主板上相同颜色的内存插槽中，即可打开主板的双通道功能。

3.2.3　安装主板

在主板上安装完 CPU 和内存后，即可将主板装入机箱，因为在安装剩下的主机硬件设备时，都需要配合机箱进行安装。

☞ 【例 3-5】　将主板放入并固定在机箱中。

(1) 在安装主板之前，应先将机箱提供的主板垫脚螺母安放到机箱主板托架的对应位置，如图 3-25 所示。

(2) 平托主板，将主板放入机箱，如图 3-26 所示。

图 3-25　安放螺母　　　　　　　　　　　　　　图 3-26　将主板放入机箱

（3）确认主板的 I/O 接口安装到位，如图 3-27 所示。

（4）拧紧机箱内部的主板螺丝，将主板固定在机箱上（在装螺丝时，注意每颗螺丝不要一次性拧紧，等全部螺丝安装到位后，再将每粒螺丝拧紧，这样做的好处是可以在安装主板的过程中，随时对主板的位置进行调整），如图 3-28 所示。

图 3-27　确认主板的 I/O 接口安装到位　　　　　　图 3-28　拧紧螺丝

（5）完成以上操作后，主板被牢固地固定在机箱中。至此，计算机的三大主要配件——主板、CPU 和内存——安装完毕。

3.2.4　安装硬盘

在完成 CPU、内存和主板的安装后，下面需要将硬盘固定在机箱的 3.5 寸硬盘托架上。对于普通的机箱，只需要将硬盘放入机箱的硬盘托架上，拧紧螺丝将其固定即可。

【例 3-6】　将硬盘放入并固定在机箱中。

（1）机箱的硬盘托架设计有相应的扳手，拉动扳手将硬盘托架从机箱中取出，如图 3-29 所示。

（2）在取出硬盘托架后，将硬盘装入托架，如图 3-30 所示。

图 3-29　取出硬盘托架

图 3-30　将硬盘装入托架

(3) 接下来，使用螺丝将硬盘固定在硬盘托架上，如图 3-31 所示。

(4) 将硬盘托架重新装入机箱，并把固定扳手拉回原位固定好硬盘托架，如图 3-32 所示。

图 3-31　固定硬盘

图 3-32　固定硬盘托架

(5) 最后，检查硬盘托架与其中的硬盘是否被牢固地固定在机箱中，完成硬盘的安装。

3.2.5　安装光驱

DVD 光驱与 DVD 刻录光驱的功能虽不一样，但外形和安装方法都是一样的(安装方法类似于硬盘)。用户可以参考下面介绍的方法，在计算机中安装光驱。

【例 3-7】　将光驱放入并固定在机箱中。

(1) 在计算机中安装光驱的方法与安装硬盘类似，用户只需要将机箱中的 4.25 寸托架的面板拆除，如图 3-33 所示，然后将光驱推入机箱并拧紧光驱侧面的螺丝即可。

(2) 成功安装光驱后，用户只需要检查光驱没有被装反即可，如图 3-34 所示。

图 3-33　拆除托架面板

图 3-34　检查是否装反

3.2.6 安装电源

在安装完前面介绍的一些硬件设备后，用户接下来需要安装电源。安装电源的方法十分简单，并且现在不少机箱会自带电源。若购买了此类机箱，则无须再次动手安装电源。

【例3-8】 安装电源。

(1) 将电源从包装中取出，如图3-35所示。

(2) 将电源放入机箱为电源预留的托架中，注意电源线所在的面应朝向机箱的内侧。最后，使用螺丝将电源固定在机箱上即可，如图3-36所示。

图 3-35 取出电源

图 3-36 固定电源

3.2.7 安装显卡

目前，PCI-E接口的显卡是市场上的主流显卡。在安装显卡之前，用户首先应在主板上找到PCI-E插槽的位置。如果主板上有两个PCI-E插槽，则任意一个PCI-E插槽均能使用。

【例3-9】 安装显卡。

(1) 在主板上找到PCI-E插槽。用手轻握显卡两端，垂直对准主板上的PCI-E插槽，将其插入，如图3-37所示。

(2) 用螺丝将显卡固定在主板上，然后连接辅助电源即可，如图3-38所示。

图 3-37 插入 PCI-E 插槽

图 3-38 将显卡固定在主板上

3.3　连接数据线和电源线

　　主机上的一些设备是通过数据线与主板进行连接的，例如硬盘、光驱等。在连接完数据线后，用户需要将机箱电源的电源线与主板以及其他硬件设备相连接。本节将介绍连接主机中数据线和电源线的方法。

3.3.1　连接数据线

　　目前，常见的数据线有 SATA 数据线与 IDE 数据线两种。随着 SATA 接口逐渐代替 IDE 接口，目前已经有相当一部分的光驱采用 SATA 数据线与主板连接。用户可以参考下面介绍的方法，连接计算机内部的数据线。

【例 3-10】　用数据线连接主板与光驱、主板及硬盘。

　　(1) 打开计算机机箱后，将 IDE 数据线的一头与主板上的 IDE 接口相连。IDE 接口上有防插反凸块，在连接 IDE 数据线时，用户只需要将防插反凸块对准 IDE 接口上的凹槽，然后将 IDE 接口平推进凹槽即可，如图 3-39 所示。

　　(2) 将 IDE 数据线的另一头与光驱的 IDE 接口相连，如图 3-40 所示。

图 3-39　连接 IDE 数据线

图 3-40　连接光驱

　　(3) 取出购买配件时附带的 SATA 数据线后，将 SATA 数据线的一头与主板上的 SATA 接口相连，如图 3-41 所示。

　　(4) 将 SATA 数据线的另一头与硬盘上的 SATA 接口相连，如图 3-42 所示。

图 3-41　插入 SATA 数据线

图 3-42　连接硬盘

(5) 完成以上操作后，将数据线用绑扎带捆绑在一起，以免散落在机箱内。

3.3.2 连接电源线

在连接完数据线后，用户可以参考下面介绍的方法，将机箱电源的电源线与主板以及其他硬件设备相连接。下面将通过一个简单的实例，详细介绍连接电源线的方法。

【例 3-11】 连接主板、硬盘、光驱的电源线。

(1) 将电源盒引出的 24pin 电源插头插入主板上的电源插槽中(目前，大部分主板的电源接口为 24pin，但也有部分主板采用 20pin 电源接口)，如图 3-43 和图 3-44 所示。

图 3-43 电源线　　　　　　　　　　　　　　　　图 3-44 插入主板

(2) CPU 供电接口部分采用 4pin(或 6pin、8pin)的加强供电接口设计，将其与主板上相应的电源插槽相连即可，如图 3-45 所示。

(3) 将电源线上的普通 4pin 梯形电源接口插入光驱背后的电源插槽中，如图 3-46 所示。

图 3-45 连接 CPU 供电接口　　　　　　　　　　图 3-46 连接光驱供电接口

(4) 将 SATA 硬盘电源接口与计算机硬盘的电源插槽相连，如图 3-47 和图 3-48 所示。

图 3-47 SATA 硬盘电源接口

图 3-48 连接硬盘电源

3.4 连接控制线

在连接完数据线与电源线后，你会发现机箱内还有好多细线插头(跳线)，将这些细线插头插入主板对应位置的插槽后，即可使用机箱前置的 USB 接口以及其他控制开关。

3.4.1 连接前置 USB 接口

由于 USB 设备具有安装方便、传输速度快的特点，目前市场上采用 USB 接口的设备也越来越多，如 USB 鼠标、USB 键盘、USB 读卡器、USB 摄像头等，主板面板后的 USB 接口已经无法满足用户的使用需求。现在，主流主板都支持 USB 扩展功能，使用具有前置 USB 接口的机箱提供的扩展线，即可连接前置 USB 接口。

1. 前置 USB 接线

目前，USB 接口成为日常使用范围最多的接口，大部分主板提供了高达 8 个 USB 接口，但一般在机箱背部的面板中仅提供 4 个，剩余的 4 个位于机箱的前部面板中，以方便使用。机箱上常见的前置 USB 接线分为独立式 USB 接线(跳线)和一体式 USB 接线(跳线)两种，如图 3-49 和图 3-50 所示。

图 3-49 独立式 USB 接线

图 3-50 一体式 USB 接线

计算机基础与实训教程系列

2. USB 针脚

主板上前置 USB 针脚的连接方法不仅根据主板品牌型号的不同而略有差异，而且独立式 USB 接线与一体式 USB 接线的接法也各不相同。

▽ 一体式 USB 接线：一体式 USB 接线上有防插错设计，方向不对无法插入，如图 3-51 和图 3-52 所示。

图 3-51　连接一体式 USB 针脚

图 3-52　一体式 USB 针脚

▽ 独立式 USB 接线：独立式 USB 接线由 USB2+、USB2-、GND、VCC 这 4 组插头组成，分别对应主板上不同的 USB 针脚。其中，GND 为接地线，VCC 为 USB 的 5V 供电插头，USB2+为正电压数据线，USB2-为负电压数据线，如图 3-53 和图 3-54 所示。

图 3-53　独立式 USB 针脚

图 3-54　独立式 USB 针脚连接示意图

3.4.2　连接机箱控制开关

在使用计算机时，用户常常会用到机箱面板上的控制开关，用于启动计算机、重新启动计算机、查看电源与硬盘工作指示灯等。这些功能都是通过将机箱控制开关与主板对应插槽连线来实现的，用户可以参考下面介绍的方法，连接各种机箱控制开关。

1. 连接开关接线、重启接线和 LED 灯接线

在机箱面板上的所有接线中，开关接线、重启接线和 LED 灯接线(跳线)是最重要的三条接线。

计算机基础与实训教程系列

▽ 开关接线用于连接机箱前部面板上的计算机电源按钮，连线后用户可以控制计算机的启动与关闭，如图 3-55 所示。

▽ 重启接线用于连接机箱前部面板上的 Reset 按钮，连线后用户可以通过按下 Reset 按钮重启计算机，如图 3-56 所示。

图 3-55　开关接线

图 3-56　重启接线

▽ LED 灯接线包括计算机的电源指示灯接线和硬盘状态灯接线两种，分别用于显示电源和硬盘的状态，如图 3-57 和图 3-58 所示。

图 3-57　电源指示灯接线

图 3-58　硬盘状态灯接线

通常，在连接开关接线、重启接线和 LED 灯接线时，用户只需要参考主板说明书中的介绍(如图 3-59 所示)或使用主板上的接线工具，将接线头插入主板上相应的跳线插槽(如图 3-60 所示)即可。

图 3-59　接线说明

图 3-60　主板上的跳线插槽

计算机基础与实训教程系列

🎧 提示

除了本章介绍的几种机箱控制线以外，有些机箱上还设计有蜂鸣器接线、外接 IEEE 1394 接线等，用户在组装计算机时，可以参考主板说明书中的接线示意图完成这些控制线的连接。

2. 连接机箱前置音频接线

目前，常见的主板上均提供了集成的音频芯片，并且性能完全能够满足绝大部分用户的需求，因此很多普通计算机用户在组装计算机时，没有再去单独购买声卡。

为了方便用户使用，大部分机箱除了具备前置的 USB 接口外，音频接口也被移到了机箱的前部面板上，为了使机箱前部面板上的耳机和话筒能够正常使用，用户在连接机箱控制线时，还应该将前置的音频接线(如图 3-61 所示)与主板上相应的音频接线插槽(如图 3-62 所示)正确连接。

图 3-61　前置的音频接线

图 3-62　音频接线插槽

在连接前置的音频接线时，用户可以参考主板说明书中的接线图，完成接线的连接，具体接线图一般如图 3-63 和图 3-64 所示。

图 3-63　接线图

图 3-64　对应的接线

3.5 连接计算机外部设备

完成主机内部硬件设备的安装与连接后，用户需要将计算机主机与外部设备(简称外设)连接在一起。计算机外设主要包括显示器、鼠标、键盘和电源线等。连接外部设备时应做到"辨清接头，对准插上"，具体方法下面将详细介绍。

3.5.1 连接显示器

显示器是计算机的主要 I/O 设备之一，它通过一条视频信号线与计算机主机上的显卡视频信号接口连接。常见的显卡视频信号接口有 VGA、DVI 与 HDMI 这 3 种，显示器与主机之间所使用的视频信号线一般为 VGA 视频信号线(如图 3-65 和图 3-66 所示)或 DVI 视频信号线(如图 3-67 和图 3-68 所示)。

图 3-65 VGA 视频信号线

图 3-66 VGA 插头

图 3-67 DVI 视频信号线

图 3-68 DVI 插头

连接主机与显示器时，使用视频信号线的一头与主机上的显卡视频信号插槽连接，将另一头与显示器背面的视频信号接口连接即可，如图 3-69 和图 3-70 所示。

图 3-69　连接主机与显示器

图 3-70　主机背面的视频信号接口

3.5.2　连接鼠标和键盘

目前，台式计算机常用的鼠标和键盘分 USB 接口、PS/2 接口、无线三种。

▽ USB 接口的键盘、鼠标与计算机主机背面的 USB 接口相连，如图 3-71 所示。

▽ PS/2 接口的键盘、鼠标与主机背面的 PS/2 接口相连(一般情况下，鼠标与主机上的绿色 PS/2 接口相连，键盘与主机上的紫色 PS/2 接口相连)，如图 3-72 所示。

▽ 无线键鼠一般使用配套的接收器，将接收器插入主机的 USB 接口，安装驱动程序即可连接无线键鼠。

图 3-71　USB 接口的鼠标

图 3-72　PS/2 接口

📖 提示

市场上部分计算机的主板上只提供一个 PS/2 接口，用户在组装计算机时，若选用此类主板，在选购鼠标时，应选择购买 USB 接口的鼠标。

计算机基础与实训教程系列

3.6　开机检测状态

在完成组装计算机硬件设备的操作后，下面可以通过开机检测来查看连接是否存在问题。若一切正常，则可以整理机箱并合上机箱盖，完成组装计算机的操作。

3.6.1　启动计算机前的检查工作

计算机组装完毕后不要立刻通电开机，还要再仔细检查一遍，以防出现意外。

【例 3-12】　启动计算机前要做的检查工作。

(1) 检查主板上各控制线(跳线)的连接是否正确，如图 3-73 所示。

(2) 检查各个硬件设备是否安装牢固，如 CPU、显卡、内存和硬盘等，如图 3-74 所示。

图 3-73　检查跳线

图 3-74　检查主机内部各个配件

(3) 检查机箱中的连线是否搭在风扇上，以防影响风扇散热。

(4) 检查机箱内有无其他杂物。

(5) 检查外部设备是否连接良好，如显示器和音箱等。

(6) 检查数据线、电源线是否连接正确。

3.6.2　开机检测

检查无误后，即可将计算机主机和显示器电源与市电电源连接，如图 3-75 和图 3-76 所示。接通电源后，按下机箱开关，机箱电源灯亮起，并且机箱中的风扇开始工作。若用户听到"嘀"的一声，并且显示器出现自检画面，则表示计算机已经组装成功，用户可以正常使用。若计算机未正常运行，则需要重新对计算机中的设备进行检查。

> **提示**
>
> 若计算机组装后未能正常运行，用户应首先检查内存与显卡的安装是否正确，包括内存是否与主板紧密连接，以及显卡的视频信号线是否与显示器紧密连接。

图 3-75　连接显示器电源

图 3-76　连接主机电源

3.6.3　整理机箱内部线缆

开机检测无问题后，即可整理机箱内部的各种线缆。整理机箱内部线缆的主要原因有下几点。

▽ 计算机机箱内部线缆很多，如果不进行整理，会非常杂乱，显得很不美观。

▽ 计算机在正常工作时，机箱内部各设备的发热量也非常大，如果线缆杂乱，就会影响机箱内的空气流通，降低整体散热效果。

▽ 机箱中的各种线缆，如果不整理，很可能会卡住 CPU、显卡等设备的风扇，影响其正常工作，从而导致各种故障的出现。

3.7　实例演练

本章的实例演练主要练习安装 CPU 散热器，使用户更好地掌握安装计算机硬件的正确方法，保持 CPU 的正常安全运转。

【例 3-13】 安装 CPU 散热器。

(1) 在安装散热器之前，首先拆开散热器的包装，整理并确认散热器的各部分配件是否齐全，如图 3-77 所示。

(2) 使用配件中的铁条将散热风扇固定在散热片上，如图 3-78 所示。

图 3-77　整理散热器配件

图 3-78　固定散热风扇

(3) 接下来，安装散热器底座上的橡胶片。大型散热器一般支持多种主板，在安装底座时，用户可以根据实际需求调整底座上螺丝孔的孔距，如图 3-79 所示。

(4) 下面安装散热器底部的扣具，将散热器底部的螺丝松脱，然后将这些对应的扣具插到散热器与卡片之间，如图 3-80 所示。

　　　图 3-79　调整螺丝孔的孔距　　　　　　图 3-80　将扣具插到散热器与卡片之间

(5) 将不锈钢条牢牢地固定在散热器底部后，用手摇晃一下，看看是否松动，如图 3-81 所示。

(6) 将组装好的散热器底座扣到主板后面，这时要注意，一定要对正，并且仔细观察底座的金属部分是否碰到主板上的焊点，如图 3-82 所示。

　　　　图 3-81　检查是否松动　　　　　　　图 3-82　将散热器底座扣到主板后面

(7) 将散热器放到主板上，对准孔位，准备进行安装，如图 3-83 所示。

(8) 使用螺丝将散热器固定在主板上。在固定在四颗螺丝时，一定不要单颗拧死后，再进行下一颗的操作，正确的方法应该是每一颗拧一点，四颗螺丝循环地调整，直到散热器稳定地锁在主板上，如图 3-84 所示。

　　　图 3-83　对准孔位，准备进行安装　　　　　　图 3-84　拧紧螺丝

计算机基础与实训教程系列

(9) 最后，连接散热器电源，完成散热器的安装。

3.8 习题

1. 简述在主板上安装 CPU 及 CPU 散热器的方法。
2. 如何安装硬盘？
3. 组装计算机前需要做哪些准备工作？
4. 如何连接前置 USB 接口？
5. 如何连接电源线？

第4章

主板BIOS设置

BIOS 是计算机硬件的设置和管理程序，了解 BIOS 的设置方法将有助于用户日后对计算机的使用和维护。本章将详细介绍 BIOS 的功能和作用，如何进入 CMOS 设置程序，以及常用的 CMOS 设置等。

 本章重点

- ● 认识 BIOS 与 CMOS
- ● 升级主板 BIOS
- ● 常用 BIOS 设置
- ● BIOS 自检报警声的含义

4.1 认识 BIOS

在安装操作系统前，先要对计算机进行正确的 BIOS 设置，那么什么是 BIOS 呢？BIOS(Basic Input/Output System，基本输入/输出系统)是厂家事先烧录于主板上只读存储器(ROM)中的程序，主要负责管理或规划主板与附加卡上相关参数的设定，并且此程序中保存的数据不会因计算机关机而丢失。

BIOS 为计算机提供最低级但却最直接的硬件控制并存储一些基本信息，计算机的初始化操作都是按照固化在 BIOS 里的内容来完成的。

准确地说，BIOS 是硬件与软件之间的"转换器"，或者说是人机交流接口，负责解决硬件的即时要求，并按软件对硬件的操作具体执行。用户在使用计算机的过程中都会接触到 BIOS，BIOS 在计算机系统中起着非常重要的作用。

4.1.1 BIOS 与 CMOS 的区别

在日常操作与维护计算机的过程中，用户经常会接触到 BIOS 设置与 CMOS 设置的说法，一些计算机用户会把 BIOS 和 CMOS 的概念混淆起来。下面将详细介绍 BIOS 与 COMS 的区别。

CMOS 是英文"Complementary Metal Oxide Semiconductor"的简称，意思是"互补金属氧化物半导体存储器"。CMOS 是主板上一块可读写的 RAM 芯片，大小通常为 128B 或 256B。CMOS 的功耗极低，所以使用一块纽扣电池供电，即可保存其中的信息。CMOS 中存储着 BIOS 设置后计算机的硬件参数数据信息，如图 4-1 所示。

BIOS 设置的参数存放在 CMOS 存储器中，CMOS 存储器的耗电量很小，系统电源关闭后，CMOS 存储器靠主板上的后备电池供电，所以保存在 CMOS 中的用户设置参数不会丢失。

图 4-1　CMOS

由此可见，BIOS 是用来完成系统参数设置与修改的工具，CMOS 是系统参数设定的存放场所。CMOS 芯片可由主板的电池供电，这样即使系统断电，CMOS 中的信息也不会丢失。目前，计算机的 BIOS 多采用 Flash ROM，可以通过主板跳线开关或专用软件实现重写，以实现对 BIOS 的升级。

4.1.2 常见 BIOS 分类

目前，市场上台式计算机使用较多的 BIOS 主要有 Award BIOS 与 AMI BIOS 两种，下面分别对这两类 BIOS 进行介绍。

▽ Award BIOS 是由 Award Software 公司开发的 BIOS 产品，是目前主板上使用最多的 BIOS 类型。Award BIOS 功能较为齐全，支持许多新硬件，界面如图 4-2 所示。

▽ AMI BIOS 是 AMI 公司出品的 BIOS 系统软件，对各种软硬件的适应性好，能保证系统性能的稳定，界面如图 4-3 所示。

图 4-2 Award BIOS

图 4-3 AMI BIOS

除此之外，有些主板还提供专门的图形化 BIOS 设置界面，如图 4-4 所示。

图 4-4 图形化 BIOS 设置界面

4.1.3 BIOS 的功能

BIOS 用于保存计算机最重要的基本输入输出程序、系统设置信息、开机上电自检程序和系统自检及初始化程序。虽然 BIOS 设置程序目前存在各种不同版本，功能和设置方法也各自相异，但主要的设置项基本是相同的，一般包括如下几项。

▽ 设置 CPU：大多数主板采用软跳线的方式来设置 CPU 的工作频率。设置的主要内容包括外频、倍频系数等 CPU 参数。

计算机基础与实训教程系列

▽ 设置基本参数：包括系统时钟、显示器类型和启动时对自检错误处理的方式。

▽ 设置磁盘驱动器：包括自动检测 IDE 接口、启动顺序和硬盘的型号等。

▽ 设置键盘：包括接电时是否检测硬盘、键盘类型和键盘参数等。

▽ 设置存储器：包括存储器容量、读写时序、奇偶校验和内存测试等。

▽ 设置缓存：包括内外缓存、缓存地址/尺寸和显卡缓存设置等。

▽ 设置安全：包括病毒防护、开机密码和 Setup 密码等。

▽ 设置总线周期参数：包括 AT 总线时钟(AT Bus Clock)、AT 周期等待状态(AT Cycle Wait State)、内存读写定时、缓存读写等待、缓存读写定时、DRAM 刷新周期和刷新方式等。

▽ 管理电源：关于系统的绿色环保节能设置，包括进入节能状态的等待延时时间、唤醒功能、IDE 设备断电方式、显示器断电方式等。

▽ 监控系统状态：包括检测 CPU 工作温度、检测 CPU 风扇以及电源风扇转速等。

▽ 设置板上集成接口：包括串行并行接口、IDE 接口允许/禁止状态、I/O 地址、IRQ 及 DMA 设置、USB 接口和 IRDA 接口等。

4.2 BIOS 设置须知

在认识了 BIOS 后就可以开始设置 BIOS，本节将介绍何种情况下需要设置 BIOS、进入 BIOS 的方法以及 BIOS 设置中的常用按键。

4.2.1 何时需要设置 BIOS

用户在以下情况下需要设置 BIOS。

▽ 新配置的计算机：现在计算机的许多硬件虽然都有即插即用的功能，但是并非所有的硬件都能够被计算机自动识别。另外，新配置的计算机的系统软件、硬件参数和系统时钟等都需要用户设置。

▽ 添加新硬件：当为计算机添加新硬件时，如果系统不能识别新添加的设备，此时可以通过 BIOS 设置来完成。另外，新添加的硬件与原有设备之间的 IRQ 冲突或 DMA 冲突也可以通过 BIOS 设置来解决。

▽ CMOS 数据丢失：主板的 CMOS 电池失效、CMOS 感染了病毒、意外清除了 CMOS 中的参数等情况都有可能导致 CMOS 中的数据丢失。这时可以进入 BIOS 设置程序对 CMOS 参数进行更改或重设。

▽ 安装或重装操作系统：当用户安装或重装操作系统时，需要进入 BIOS 并更改计算机的启动方式，也就是把硬盘启动改为 CD-ROM 或以其他方式启动。

▽ 优化系统：当用户需要优化系统时，可以通过 BIOS 设置来更改内存读写等待时间、硬盘数据传输模式、内外 Cache 的使用、节能保护、电源管理以及开机时的启动顺序等参数。

▽ BIOS 中的默认值对不同的系统来说并非最佳配置，因此需要进行多次实验，才能使系统性能得到充分发挥。

4.2.2　BIOS 设置中的常用按键

在开机时按下特定的热键就可以进入 BIOS 设置程序，需要注意的是，不同的 BIOS 设置程序的热键也不同，有的会在屏幕上给出提示信息，有的则没有。几种常见的 BIOS 设置程序的热键如下。

▽ Award BIOS：按 Delete 键或 Ctrl＋Alt＋Esc 组合键。

▽ AMI BIOS：按 Delete 键或 Esc 键。

▽ Phoenix BIOS：按 F2 键或 Ctrl＋Alt＋S 组合键。

在 BIOS 设置程序中进行的操作都必须通过键盘来实现，因此熟练掌握 BIOS 设置程序中键盘按键的功能，对于初学 BIOS 设置的用户来说至关重要。下面介绍一些常用按键的作用。

▽ ↑(向上键)：移动到上一个选项。

▽ ↓(向下键)：移动到下一个选项。

▽ ←(向左键)：移动到左边的选项。

▽ →(向左键)：移动到右边的选项。

▽ Page Up 键/＋：改变设置状态，增加数值或改变选项。

▽ Page Down 键/－：改变设置状态，减少数值或改变选项。

▽ Esc 键：回到主界面或从主界面结束设置程序。

▽ Enter 键：选择此项。

▽ F1 功能键：显示目前设定项的相关信息。

▽ F5 功能键：装载上一次设定的值。

▽ F6 功能键：装载该画面，Fail-Safe 预设设定(最安全的值)。

▽ F7 功能键：装载该画面，Optimized 预设设定(最优化的值)。

▽ F8 功能键：进入 Q-Flash 功能。

▽ F9 功能键：系统信息。

▽ F10 功能键：保存设置并退出 BIOS。

4.3　BIOS 设置

常见的 BIOS 类型有 Award BIOS 和 AMI BIOS 两种，其实 Award BIOS 和 AMI BIOS 里面有很多内容是相同的，可以说基本上一致。虽然有些设置的名称不同，但是它们的实际作用一样。本节将以 Award BIOS 为例来介绍常用 BIOS 设置。

计算机基础与实训教程系列

4.3.1 认识 BIOS 设置界面

在 Award BIOS 设置界面 (如图 4-5 所示)中，各选项的功能如下所示。

图 4-5　BIOS 设置界面

▽ Standard CMOS Features(标准 CMOS 设定)：用来设定日期、时间、硬盘规格、工作类型以及显示器类型。

▽ Advanced BIOS Features(BIOS 功能设定)：用来设定 BIOS 的特殊功能，如开机磁盘优先程序。

▽ Integrated Peripherals(内建整合设备周边设定)：这是主板整合设备设定。

▽ Power Management Setup(省电功能设定)：设定 CPU、硬盘、显示器等设备省电功能。

▽ PnP/PCI Configurations(即插即用设备与 PCI 组态设定)：用来设置 ISA、其他即插即用设备的中断和其他参数。

▽ Load Fail-Safe Defaults(载入 BIOS 预设值)：用于载入 BIOS 初始设置值。

▽ Load Optimized Defaults(载入主板 BIOS 出厂设置)：这是 BIOS 的最基本设置，用来确定故障范围。

▽ Set Supervisor Password(管理员密码)：用于设置 BIOS 管理员密码。

▽ Set User Password (用户密码)：用于设置开机密码。

▽ Save & Exit Setup(保存并退出设置)：用于保存已经更改的设置并退出 BIOS 设置。

▽ Exit Without Saving(不保存并退出设置)：用于不保存已经修改的设置，并退出 BIOS 设置。

4.3.2 常用 BIOS 设置

下面将以 Award BIOS 为例介绍常用 BIOS 设置。

1. 设置设备启动顺序

计算机要正常启动，需要借助硬盘、光驱等设备的引导。掌握设备启动顺序的设置十分重要。例如，要使用光盘安装操作系统，就需要将光驱设置为第一启动设备。

【例 4-1】 设置计算机从光驱启动。

(1) 开机启动计算机后，打开 BIOS 设置界面后，使用方向键选择【Advanced BIOS Features】选项，然后按下 Enter 键，打开【Advanced BIOS Features】选项的设置界面。

(2) 使用方向键选择【First Boot Device】选项，如图 4-6 所示。

图 4-6　【First Boot Device】选项

(3) 按下 Enter 键，打开【First Boot Device】选项的设置界面，选择【CDROM】选项，如图 4-7 所示。按下 Enter 键确认即可设置光驱为第一启动设备，然后按 F10 键保存 BIOS 设置。

图 4-7　【CDROM】选项

> **提示**
>
> 操作系统安装完毕后，用户应将【First Boot Device】选项的设置修改为【HDD-0】，以便系统直接从硬盘启动。

2. 启动 USB 接口

如果用户的计算机使用的是 USB 键盘与 USB 鼠标，在使用时应打开计算机 BIOS 中的 USB 键盘与鼠标支持，否则 USB 键盘与鼠标将不能使用。

【例 4-2】 设置启用 USB 接口。

(1) 进入 BIOS 设置界面后，使用方向键选择【Integrated Peripherals】选项，如图 4-8 所示。

(2) 按下 Enter 键，进入【Integrated Peripherals】选项界面，选择【USB Keyboard Support】选项，如图 4-9 所示。

图 4-8　【Integrated Peripherals】选项

图 4-9　【USB Keyboard Support】选项

计算机基础与实训教程系列

（3）按下 Enter 键，设置参数为 Enabled，然后返回上一级界面，选择【USB Mouse Support】选项。

（4）按下 Enter 键，设置参数为 Enabled，如图 4-10 所示。然后按下 Enter 键，返回【Integrated Peripherals】选项界面，如图 4-11 所示。

（5）按下 F10 键，保存并退出 BIOS。

图 4-10　【USB Mouse Support】选项

图 4-11　【Integrated Peripherals】选项界面

3. 屏蔽板载声卡

目前大多数主板都集成有声卡，但如果用户对板载声卡的音质不满意而购买了一块性能更强的声卡，就需要在 BIOS 中屏蔽板载的集成声卡。

【例 4-3】　屏蔽板载声卡。

（1）进入 BIOS 设置界面后，使用方向键选择【Integrated Peripherals】选项，然后按下 Enter 键，如图 4-12 所示。

（2）进入【Integrated Peripherals】选项的设置界面，使用方向键选择【Onboard H/W Audio】选项，如图 4-13 所示。

图 4-12　【Integrated Peripherals】选项

图 4-13　【Onboard H/W Audio】选项

（3）按下 Enter 键，打开【Onboard H/W Audio】选项的设置界面，设置参数为 Disabled，如图 4-14 所示。

图 4-14 设置参数为 Disabled

(4) 设置完毕后按下 Enter 键确认并返回。

4. 保存并退出 BIOS

在进行一系列的 BIOS 设置操作后，需要将设置保存并重新启动计算机，才能使所做的修改生效。

【例 4-4】 保存 BIOS 设置并退出 BIOS 的设置界面。

(1) BIOS 设置完毕后，返回 BIOS 主界面，使用方向键选择【Save & Exit Setup】选项，然后按下 Enter 键，如图 4-15 所示。

(2) 打开保存提示框，在其中输入 Y，然后按下 Enter 键确认保存，如图 4-16 所示。

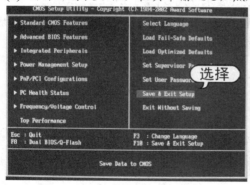

图 4-15 【Save & Exit Setup】选项

图 4-16 保存设置

4.4 升级主板 BIOS

BIOS 程序决定了计算机对硬件的支持，由于新的硬件不断出现，使计算机无法支持旧的硬件设备，这就需要对 BIOS 进行升级，提高主板的兼容性和稳定性，同时还能获得厂家提供的新功能。

4.4.1 升级前的准备

由于现在的 BIOS 芯片都采用 Flash ROM，因此都能通过特定的写入程序实现 BIOS 的升级。

另外，由于 BIOS 升级具有一定的危险，各主要厂商针对自己的产品和用户的实际需求，也开发了许多 BIOS 升级特色技术。

计算机基础与实训教程系列

各个厂商不断升级 BIOS 的原因有很多，总结一下主要有以下几点。

▽ 由于计算机技术的更新速度很快，因此主板厂商不断地更新主板 BIOS 程序，让主板能支持新频率、新类型的 CPU。

▽ 由于在开发 BIOS 程序的过程中，可能会存在一些 Bug，导致莫名其妙的故障，例如无故重启、经常死机、系统效能低下、设备冲突、硬件设备无故"丢失"等。另外，BIOS 编写，必然也有不尽如人意的地方，当厂商发现这些问题时或用户反馈 BIOS 问题后，负责任的厂商都会及时推出新版的 BIOS 以修正这些已知的 Bug，从而解决那些莫名其妙的故障。

升级 BIOS 属于比较底层的操作，如果升级失败，将导致计算机无法启动，且处理起来比较麻烦，因此在升级 BIOS 之前应做好以下几方面的准备工作。

▽ 主板类型及 BIOS 的版本：不同类型的主板 BIOS 升级方法存在差异，可通过查看主板的包装盒及说明书、主板上的标注、开机自检画面等方法查明主板类型。另外需要确定 BIOS 的种类和版本，这样才能找到对应的 BIOS 升级程序。

▽ 准备 BIOS 文件和擦写软件：不同的主板厂商会不定期地推出 BIOS 升级文件，用户可到主板厂商的官方网站进行下载。对于不同的 BIOS 类型，升级 BIOS 需要相应的 BIOS 擦写软件，如 AwdFlash 等。一些著名的主板会要求使用专门的软件。

▽ BIOS 和跳线设置：为了保障 BIOS 升级顺畅无误，在升级前还需要进行一些相关的 BIOS 设定，如关闭病毒防范功能、关闭缓存和镜像功能、设置 BIOS 防写跳线为可写入状态等。

4.4.2 开始升级 BIOS

做好 BIOS 升级准备后，便可进入 DOS 系统，运行升级程序进行 BIOS 的升级。在 DOS 环境中，可下载 MaxDOS 工具进行安装，然后重新启动计算机到该系统下进行操作。

【例 4-5】 升级 BIOS。

(1) 打开机箱，查看主板型号，如图 4-17 所示。然后在官方网站上搜索，查找对应主板 BIOS 的升级程序。下载与主板 BIOS 型号相匹配的 BIOS 数据文件。

(2) 将下载的 BIOS 升级程序和数据文件拷贝到 C 盘下，在 C 盘根目录下新建一个名为 UpateBIOS 的文件夹，然后将 BIOS 升级程序和数据文件拷贝到该文件夹中，如图 4-18 所示。

图 4-17　查看主板型号

图 4-18　拷贝升级程序

（3）重启计算机，在出现开机画面时按下键盘对应键进入 CMOS 设置程序，进入【BIOS Features Setup】界面，将【Boot Virus Deltection】选项设置为 Disabled，如图 4-19 所示。

（4）设置完毕后，按下 F10 功能键保存，退出 CMOS 设置程序并重启计算机。在计算机启动过程中，不断按下 F8 功能键以进入系统启动菜单，选择【带命令行提示的安全模式】选项，如图 4-20 所示。

图 4-19　设置为【Disabled】　　　　　　　图 4-20　选择【带命令行提示的安全模式】选项

（5）在命令提示符下，输入如图 4-21 所示命令，将当前目录切换至 c:\UpdateBIOS。

（6）在命令提示符下，输入命令 UpdateBIOS，按下 Enter 键，进入 BIOS 更新程序，显示器上出现如图 4-22 所示的画面。

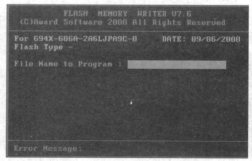

图 4-21　输入命令　　　　　　　　　　　图 4-22　进入 BIOS 更新程序

（7）根据屏幕提示，输入升级文件名 bios.bin，并按下 Enter 键确定，如图 4-23 所示。

（8）刷新程序提示是否备份主板的 BIOS 文件，把目前系统的 BIOS 内容备份到机器上并记住文件名，如图 4-24 所示。在此将 BIOS 备份文件命名为 back.bin，以便在更新 BIOS 的过程中发生错误时，可以重新写回原来的 BIOS 数据。

图 4-23　输入升级文件名　　　　　　　　图 4-24　输入备份文件名

计算机基础与实训教程系列

103

（9）在【File Name to Save】文本框中输入要保存的文件名 back.bin。按下 Enter 键，刷新程序开始读出主板的 BIOS 内容，保存成一个文件，如图 4-25 所示。

（10）完成备份后，刷新程序出现的画面如图 4-26 所示，询问是否要升级 BIOS。

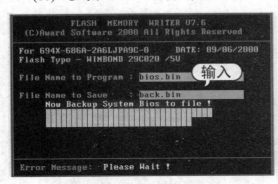

图 4-25　保存备份文件　　　　　　　　　　图 4-26　询问是否要升级 BIOS

（11）选择【y】选项，刷新程序开始正式刷新 BIOS，如图 4-27 所示。在刷新 BIOS 的过程中，不要中途关机，否则计算机可能出现错误。

（12）当进度条达到 100%时，刷新过程就完成了，刷新程序提示按下 F1 功能键重启计算机或按下 F10 功能键退出刷新程序。一般选择重启计算机，按下 F10 功能键进入 BIOS 设置程序，进入【BIOS Features Setup】界面，将【Boot Virus Deltection】选项设置为 Enable，如图 4-28 所示。再次重启计算机，至此，完成 BIOS 的升级工作。

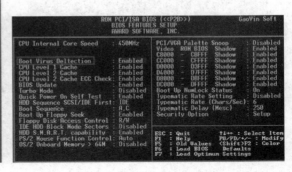

图 4-27　刷新 BIOS　　　　　　　　　　　图 4-28　设置为【Enable】

4.5　BIOS 自检报警声的含义

启动计算机，经过大约 3 秒，如果一切顺利没有问题的话，机箱里的扬声器就会清脆地发出"滴"的一声，并且显示器出现启动信息。否则，BIOS 自检程序会发出报警声音，根据出错的硬件不同，报警声音也不相同。

4.5.1　Award BIOS 报警声的含义

Award BIOS 报警声的含义解释如下。

▽ 1 声长报警音：没有找到显卡。

▽ 2 短 1 长声报警音：提示主机上没有连接显示器。

▽ 3 短 1 长声报警音：与视频设备相关的故障。

▽ 1 声短报警音：刷新故障，主板上的内存刷新电路存在问题。

▽ 2 声短报警音：奇偶校验错误。

▽ 3 声短报警音：内存故障。

▽ 4 声短报警音：主板上的定时器没有正常工作。

▽ 5 声短报警音：主板 CPU 出现错误。

▽ 6 声短报警音：BIOS 不能正常切换到保护模式。

▽ 7 声短报警音：处理器异常，CPU 产生了异常中断。

▽ 8 声短报警音：显示错误，没有安装显卡或者内存有问题。

▽ 9 声短报警音：ROM 校验和错误，与 BIOS 中的编码值不匹配。

▽ 10 声短报警音：CMOS 关机寄存器出现故障。

▽ 11 声短报警音：外部高速缓存错误。

4.5.2　AMI BIOS 报警声的含义

AMI BIOS 报警声的含义解释如下。

▽ 1 声短报警音：内存刷新失败。

▽ 2 声短报警音：内存 ECC 校验错误。解决方法：在 BIOS 中将 ECC 禁用。

▽ 3 声短报警音：系统基本内存(第一个 64KB)检查失败。

▽ 4 声短报警音：校验时钟出错。解决方法：尝试更换主板。

▽ 5 声短报警音：CPU 出错，解决方法是检查 CPU 设置。

▽ 6 声短报警音：键盘控制器错误。

▽ 7 声短报警音：CPU 意外中断错误。

▽ 8 声短报警音：显存读/写失败。

▽ 9 声短报警音：提示 ROM BIOS 检验错误。

▽ 10 声短报警音：CMOS 关机注册时读写出现错误。

▽ 11 声短报警音：Cache(高速缓存)存储错误。

除报警提示音外，当计算机出现问题或 BIOS 设置错误时，在显示器屏幕上会显示错误提示信息，根据提示信息，用户可以快速了解问题所在并加以解决。

计算机基础与实训教程系列

4.6　实例演练

本章的实例演练主要练习为 BIOS 设置密码，使用用户更好地掌握 BIOS 设置的基本方法。

【例4-6】　为 BIOS 设置超级用户密码。

(1) 进入 BIOS 设置界面后，使用方向键选择【Set Supervisor Password】选项，然后按下 Enter 键，如图 4-29 所示。

(2) 打开【Enter Password】提示框，输入密码，如图 4-30 所示。

图 4-29　选择【Set Supervisor Password】选项　　　　图 4-30　输入密码

(3) 按下 Enter 键，打开【Confirm Password】提示框，再次输入密码，如图 4-31 所示。

(4) 输入完毕后按下 Enter 键确认并返回，选择【Save & Exit Setup】选项，然后按下 Enter 键，在提示框中输入 Y，然后按下 Enter 键确认并保存，如图 4-32 所示。

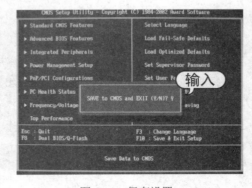

图 4-31　再次输入密码　　　　图 4-32　保存设置

4.7　习题

1. 简述 BIOS 与 CMOS 的区别。
2. Award BIOS 报警声的含义是什么？
3. 如何设置设备的启动顺序？

第 5 章

安装操作系统

在为计算机安装操作系统之前，需要对计算机的硬盘进行分区和格式化。在对硬盘进行分区和格式化之后，就可以安装操作系统了。通过在计算机中安装 Windows 7 与 Windows 10，帮助用户掌握安装计算机操作系统的方法与技巧。

本章重点

- 硬盘的格式化
- 全新安装 Windows 10
- 全新安装 Windows 7
- 多操作系统

二维码教学视频

【例 5-7】 设置默认操作系统和等待时间 　【例 5-9】 创建用户账户
【例 5-8】 进行硬盘分区

5.1 硬盘分区与格式化

硬盘分区就是将硬盘内部的空间划分为多个区域，以便在不同的区域中存储不同的数据；而硬盘格式化则是将分区好的硬盘，根据操作系统的安装格式需求进行格式化处理，以便在进行系统安装时，安装程序可以对硬盘进行访问。

5.1.1 认识硬盘的分区和格式化

要进行硬盘分区和格式化，就必须掌握硬盘分区、硬盘格式化、文件系统、分区原则等基础知识。

1. 硬盘分区

硬盘分区是指将硬盘划分为多个区域，以方便数据的存储与管理。对硬盘进行分区主要包括创建主分区、扩展分区和逻辑分区 3 部分。主分区一般用来安装操作系统，然后将剩余的空间作为扩展空间，在扩展空间中再划分一个或多个逻辑分区，如图 5-1 所示。

图 5-1　硬盘的分区

> **提示**
>
> 一块硬盘上只能有一个扩展分区，而且扩展分区不能直接使用，必须将扩展分区划分为逻辑分区才能使用。在 Windows 7、Linux 等操作系统中，逻辑分区的划分数量没有上限。但分区数量过多会造成系统启动速度变慢，而单个分区的容量过大也会影响到系统读取硬盘的速度。

2. 硬盘格式化

硬盘格式化是指将一块空白的硬盘划分成多个小的区域，并且对这些区域进行编号。对硬盘进行格式化后，系统就可以读取硬盘，并在硬盘中写入数据了。做个比喻，格式化相当于在一张白纸上用铅笔打上格子，这样系统就可以在格子中读写数据了。如果没有格式化操作，计算机就不知道要往哪里写、从哪里读。另外，如果硬盘中存有数据，那么经过格式化操作后，这些数据将会被清除。

3. 文件系统

文件系统是基于存储设备而言的，通过格式化操作可以将硬盘分区并格式化为不同的文件系统。文件系统是有组织地存储文件或数据的方法，目的是便于数据的查询和存取。

在 DOS/Windows 系列操作系统中，常用的文件系统为 FAT 16、FAT 32、NTFS 等。

▽ **FAT 16：** FAT 16 是早期 DOS 操作系统中的格式，使用 16 位的空间来表示每个扇区配置文件的情形，故称为 FAT 16。由于设计上的原因，FAT 16 不支持长文件名，受到 8 个

字符的文件名加 3 个字符的扩展名的限制。另外，FAT 16 所支持的单个分区的最大容量为 2GB，单个硬盘的最大容量一般不能超过 8GB。如果硬盘容量超过 8GB，8GB 以上的空间将会因无法利用而被浪费，因此 FAT 16 文件系统对磁盘的利用率较低。此外，这种文件系统的安全性比较差，易受病毒的攻击。

▽ FAT 32：FAT 32 是继 FAT 16 后推出的文件系统，采用 32 位的文件分配表，并且突破了 FAT 16 分区格式中每个分区容量只有 2GB 的限制，大大减少了对磁盘的浪费，提高了磁盘的利用率。FAT 32 是目前被普遍使用的文件系统分区格式。FAT 32 分区格式也有缺点，由于这种分区格式支持的磁盘分区文件表比较大，因此运行速度略低于 FAT 16 分区格式的磁盘。

▽ NTFS：NTFS 是 Windows NT 系统的专用格式，具有出色的安全性和稳定性。这种文件系统与 DOS 以及 Windows 98/Me 系统不兼容，要使用 NTFS 文件系统，就必须安装 Windows 2000 操作系统及其以上版本。另外，使用 NTFS 分区格式的另外一个优点是在用户使用过程中不易产生文件碎片，并且还可以对用户的操作进行记录。NTFS 格式是目前最常用的文件格式。

4. 分区原则

对硬盘分区并不难，但要将硬盘合理地分区，则应遵循一定的原则。对于初学者来说，如果能掌握一些硬盘分区原则，就可以在对硬盘分区时得心应手。

总的来说，在对硬盘进行分区时可参考以下原则。

▽ 分区实用性：对硬盘进行分区时，应根据硬盘的大小和实际的需求对硬盘分区的容量和数量进行合理划分。

▽ 分区合理性：分区合理性是指对硬盘的分区应便于日常管理，分区过多或过细会降低系统启动和访问资源管理器的速度，同时也不便于管理。

▽ 最好使用 NTFS 文件系统：NTFS 文件系统是一种基于安全性及可靠性的文件系统，除兼容性外，在其他方面远远优于 FAT 32 文件系统。NTFS 文件系统不但可以支持多达 2TB 大小的分区，而且支持对分区、文件夹和文件进行压缩，可以更有效地管理磁盘空间。对于局域网用户来说，在 NTFS 分区上允许用户对共享资源、文件夹以及文件设置访问许可权限，安全性要比 FAT 32 高很多。

▽ C 盘分区不宜过大：一般来说，C 盘是系统盘，硬盘的读写操作比较多，产生磁盘碎片和错误的概率也比较大。如果 C 盘分得过大，会导致扫描磁盘和整理碎片这两项日常工作变得很慢，影响工作效率。

▽ 双系统或多系统优于单一系统：如今，病毒、木马、广告软件、流氓软件无时无刻不在危害着用户的计算机，轻则导致系统运行速度变慢，重则导致计算机无法启动甚至损坏硬件。一旦出现这种情况，重装、杀毒要消耗很长时间，往往令人头疼不已，并且有些顽固的开机即加载的木马和病毒甚至无法在原系统中删除。此时，如果用户的计算机中安装了双操作系统，事情就会简单得多。用户可以启动其中一个系统，然后进行杀毒并

删除木马，修复另一个系统，甚至可以用镜像把原系统恢复。另外，即使不做任何处理，也同样可以用另外一个系统展开工作，而不会因为计算机故障而耽误正常工作。

5.1.2 安装系统时建立主分区

对于一块全新的没有进行过分区的硬盘，用户可在安装 Windows 7 的过程中，使用安装光盘轻松地对硬盘进行分区。

【例 5-1】 使用 Windows 7 安装光盘为硬盘创建主分区。

(1) 在安装操作系统的过程中，当安装进行到如图 5-2 所示的步骤时，选择【驱动器选项(高级)】选项。

(2) 在打开的新界面中，选择列表中的磁盘，然后选择【新建】选项，如图 5-3 所示。

图 5-2 【驱动器选项(高级)】选项　　　　　　　　图 5-3 新建磁盘

(3) 打开【大小】微调框，在其中输入要设置的主分区的大小(主分区会默认为 C 盘)，设置完毕后，单击【应用】按钮，如图 5-4 所示。

(4) 在弹出的提示框中单击【确定】按钮，如图 5-5 所示。

图 5-4 输入主分区的大小　　　　　　　　图 5-5 提示框

5.1.3　格式化硬盘主分区

为硬盘划分主分区后，在安装操作系统前，还应该对主分区进行格式化。下面通过实例来介绍如何进行格式化。

【例 5-2】　使用 Windows 7 安装光盘对主分区进行格式化。

(1) 选择刚刚创建的主分区，然后选择【格式化】选项，如图 5-6 所示。

(2) 打开提示框，直接单击【确定】按钮，即可进行格式化操作，如图 5-7 所示。

图 5-6　格式化磁盘分区　　　　　　图 5-7　进行格式化操作

(3) 主分区格式化完毕后，选中主分区，然后单击【下一步】按钮，之后开始安装操作系统。

5.2　安装 Windows 7 操作系统

Windows 7 是微软公司推出的 Windows 系列操作系统中比较稳定的版本，与之前的版本相比，Windows 7 不仅具有靓丽的外观和桌面，而且操作更方便、功能更强大。

5.2.1　Windows 7 简介

在计算机中安装 Windows 7 系统之前，用户应了解该系统的版本、特性以及硬件安装需求的相关知识。

1. Windows 7 版本介绍

Windows 7 系统共包含 Windows 7 Starter(初级版)、Windows 7 Home Basic(家庭普通版)等 6 个版本。

▽ Windows 7 Starter(初级版)的功能较少，缺乏 Aero 特效功能，没有 64 位支持，没有 Windows 媒体中心和移动中心等，对更换桌面背景有限制。

▽ Windows 7 Home Basic(家庭普通版)是简化的家庭版，支持多显示器，有移动中心，限制部分 Aero 特效，没有 Windows 媒体中心，缺乏 Tablet 支持，没有远程桌面，只能加入而不能创建家庭网络组(Home Group)等。

计算机基础与实训教程系列

▽ Windows 7 Home Premium(家庭高级版)主要面向家庭用户，满足家庭娱乐需求，包含所有桌面增强和多媒体功能，如 Aero 特效、多点触控功能、媒体中心、建立家庭网络组、手写识别等。

▽ Windows 7 Professional(专业版)主要面向计算机爱好者和小企业用户，满足办公开发需求，包含加强的网络功能，如对活动目录和域的支持、远程桌面等；另外，还包括网络备份、位置感知打印、加密文件系统、演示模式、Windows XP 模式等功能。64 位的 Windows 7 专业版可支持更大内存(192GB)。

▽ Windows 7 Ultimate(旗舰版)拥有新操作系统的所有功能，与企业版基本上是相同的产品，仅仅在授权方式和相关应用及服务上有区别，面向高端用户和软件爱好者。

▽ Windows 7 Enterprise(企业版)是面向企业市场的高级版本，满足企业数据共享、管理、安全等需求，包含多语言包、UNIX 应用支持、BitLocker 驱动器加密、分支缓存(Branch Cache)等。

提示

在以上 6 个版本中，Windows 7 家庭高级版和 Windows 7 专业版是两大主力版本。前者面向家庭用户，后者针对商业用户。此外，32 位版本和 64 位版本没有外观或功能上的区别，但 64 位版本支持 16GB(最高至 192GB)内存，而 32 位版本只能支持最大 4GB 内存。

2. Windows 7 系统特性

Windows 7 具有以往 Windows 操作系统无法比拟的特性，可以为用户带来全新体验，具体如下。

▽ 任务栏：Windows 7 全新设计的任务栏，可以将来自同一个程序的多个窗口集中在一起并使用同一个图标来显示，使有限的任务栏空间发挥更大的作用，如图 5-8 所示。

▽ 文件预览：使用 Windows 7 的资源管理器，用户可以通过文件图标的外观预览文件的内容，从而可以在不打开文件的情况下直接通过预览窗格来快速查看各种文件的详细内容，如图 5-9 所示。

图 5-8　任务栏

图 5-9　文件预览

▽ 窗口智能缩放：Windows 7 系统中加入了窗口智能缩放功能，当用户使用鼠标将窗口拖动到显示器的边缘时，窗口即可最大化或平行排列。

▽ 自定义通知区域图标：在 Windows 7 操作系统中，用户可以对通知区域的图标进行自由管理。可以将一些不常用的图标隐藏起来，通过简单拖动来改变图标的位置，通过设置面板对所有的图标进行集中的管理，如图 5-10 所示。

▽ Jump List 功能：Jump List 是 Windows 7 的一个新功能，用户可以通过【开始】菜单和任务栏的右键快捷菜单使用该功能，如图 5-11 所示。

图 5-10　自定义通知区域图标

图 5-11　Jump List 功能

▽ 常用操作更加方便：在 Windows 7 中，一些常用操作也更加方便快捷。例如，单击任务栏右下角的【网络连接】按钮，即可显示当前环境中的可用网络和信号强度，单击即可进行连接。

3. Windows 7 安装需求

要在计算机中正常安装 Windows 7，需要满足以下最低配置需求。

▽ CPU：1GHz 或更快的 32 位(×86)或 64 位(×64)CPU。

▽ 内存：1GB 物理内存(基于 32 位)或 2GB 物理内存(基于 64 位)。

▽ 硬盘：16GB 可用硬盘空间(基于 32 位)或 20GB 可用硬盘空间(基于 64 位)。

▽ 显卡：带有 WDDM 1.0 或更高版本的驱动程序的 DirectX 9 图形设备。

▽ 显示设备：显示器屏幕的纵向分辨率不低于 768 像素。

> 🔖 提示
>
> 如果要使用 Windows 7 的一些高级功能，则需要满足额外的硬件标准。例如，要使用 Windows 7 的触控功能和 Tablet PC，就需要使用支持触摸功能的屏幕。要完整地体验 Windows 媒体中心，就需要电视卡和 Windows 媒体中心遥控器。

5.2.2　全新安装 Windows 7

要全新安装 Windows 7，应先将计算机设置为从光盘启动，然后将 Windows 7 的安装光盘放入光驱，重新启动计算机，再按照提示逐步操作即可。

【例 5-3】　在计算机中全新安装 Windows 7 操作系统。

(1) 将计算机设置为从光盘启动，然后将安装光盘放入光驱。重新启动计算机后，系统将开始加载文件，如图 5-12 所示。

(2) 文件加载完毕后，系统将打开如图 5-13 所示的界面，用户可选择要安装的语言、时间和货币格式以及键盘和输入方法等。选择完毕后，单击【下一步】按钮。

图 5-12　加载文件

图 5-13　设置安装选项

(3) 打开如图 5-14 所示的界面，单击【现在安装】按钮。

(4) 打开【请阅读许可条款】界面，在该界面中必须选中【我接受许可条款】复选框，继续安装系统，单击【下一步】按钮，如图 5-15 所示。

图 5-14　安装系统

图 5-15　【请阅读许可条款】界面

(5) 打开【您想进行何种类型的安装】界面，单击【自定义(高级)】选项，如图 5-16 所示。

(6) 选择要安装的目标分区，单击【下一步】按钮，如图 5-17 所示。

图 5-16　【自定义(高级)】选项

图 5-17　选择要安装的目标分区

(7) 开始复制文件并安装 Windows 7，该过程大概需要 15~25 分钟。在安装的过程中，系统会多次重新启动，用户无须参与，如图 5-18 所示。

(8) 打开如图 5-19 所示的界面，设置用户名和计算机名称，然后单击【下一步】按钮。

图 5-18　复制文件并安装 Windows 7

图 5-19　设置用户名和计算机名称

(9) 打开账户密码设置界面，也可不设置，直接单击【下一步】按钮，如图 5-20 所示。

(10) 输入产品密钥，单击【下一步】按钮，如图 5-21 所示。

图 5-20　设置账户密码

图 5-21　输入产品密钥

计算机基础与实训教程系列

（11）设置 Windows 更新，单击【使用推荐设置】选项，如图 5-22 所示。

（12）设置系统的日期和时间，保持默认设置即可，单击【下一步】按钮，如图 5-23 所示。

图 5-22　【使用推荐设置】选项　　　　　　　图 5-23　设置系统的日期和时间

（13）设置计算机的网络位置，其中共有【家庭网络】【工作网络】和【公用网络】3 种选择，单击【家庭网络】选项，如图 5-24 所示。

（14）接下来，Windows 7 会启用刚才的设置，并显示如图 5-25 所示的界面。

图 5-24　【家庭网络】选项　　　　　　　　　图 5-25　启用设置

（15）稍等片刻后，系统打开 Windows 7 的登录界面，输入正确的登录密码后，按下 Enter 键，如图 5-26 所示。

（16）此时，将进入 Windows 7 操作系统的桌面，如图 5-27 所示。

图 5-26　输入登录密码　　　　　　　　　　图 5-27　进入 Windows 7 操作系统的桌面

5.3　安装 Windows 10 操作系统

作为 Windows 7 的"继任者"，Windows 10 操作系统在视觉效果、操作体验以及应用功能上的突破与创新都是革命性的，大幅改变了以往操作的逻辑，提供了超酷的触摸体验。

5.3.1　全新安装 Windows 10

Windows 10 全新的系统画面与操作方式相比传统 Windows 变化极大，采用了全新的 Metro 风格用户界面，各种应用程序、快捷方式等能够以动态方块的样式呈现在屏幕上。

要通过光盘启动安装 Windows 10，应重新启动计算机并将光驱设置为第一启动选项，然后使用 Windows 10 安装光盘引导完成系统的安装。

【例 5-4】 在计算机中全新安装 Windows 10 操作系统。

(1) 将计算机的启动方式设置为从光盘启动，然后将安装光盘放入光驱。重新启动计算机后，系统将开始等待 Windows 10 安装程序加载完毕，无须任何操作，如图 5-28 所示。

(2) 加载完毕后，打开【Windows 安装程序】对话框，设置安装语音、时间格式等，可以保持默认设置，单击【下一步】按钮，如图 5-29 所示。

图 5-28　加载文件　　　　　　　　　图 5-29　设置安装选项

(3) 在打开的【Windows 安装程序】窗口中，单击【现在安装】按钮，如图 5-30 所示。

(4) 在提示输入产品密钥以激活 Windows 的对话框中，输入购买 Windows 系统时微软公司提供的密钥，单击【下一步】按钮，如图 5-31 所示。

图 5-30　单击【现在安装】按钮　　　　　　图 5-31　输入密钥

(5) 打开【选择要安装的操作系统】对话框，选择【Windows 10 专业版】选项，单击【下一步】按钮，如图 5-32 所示。

计算机基础与实训教程系列

（6）在打开的对话框中选中【我接受许可条款】复选框，单击【下一步】按钮，如图 5-33 所示。

图 5-32　选择【Windows 10 专业版】选项　　　图 5-33　接受许可条款

（7）打开【你想执行哪种类型的安装？】对话框，选择【自定义：仅安装 Windows（高级）】选项，如图 5-34 所示。

（8）打开【你想将 Windows 安装在哪里？】对话框，选择要安装到的硬盘分区，单击【下一步】按钮，如果是新硬盘，可对其进行分区，如图 5-35 所示。

图 5-34　选择安装类型　　　　　　图 5-35　选择要安装到的硬盘分区

（9）打开【正在安装 Windows】界面，并开始复制和展开 Windows 文件，此步骤由系统自动执行，用户需要等待复制、安装和更新完毕，如图 5-36 所示。

（10）安装更新完毕后，计算机会自动重启，如图 5-37 所示。

图 5-36　开始安装　　　　　　　　图 5-37　自动重启

（11）打开【快速上手】界面，系统提示用户可进行的自定义设置，单击【使用快速设置】按钮。用户也可以单击【自定义】按钮，根据需要进行设置，如图 5-38 所示。

(12) 在【谁是这台电脑的所有者？】界面上，如果不需要加入组织环境，选择【我拥有它】
选项，单击【下一步】按钮，如图 5-39 所示。

图 5-38 自定义设置

图 5-39 自动重启

(13) 在【个性化设置】界面上，用户可以输入 Microsoft 账户。如果没有，可选择【创建一
个】选项进行创建，也可以选择【跳过此步骤】选项，如图 5-40 所示。

(14) 打开【为这台电脑创建一个账户】界面，输入要创建的用户名、密码和提示内容，单
击【下一步】按钮，如图 5-41 所示。

图 5-40 输入 Microsoft 账户

图 5-41 创建 Microsoft 账户

(15) 完成设置后，即可进入 Windows 10 系统。

5.3.2 升级安装 Windows 10

升级安装指的是将当前 Windows 系统中的一些内容(可自选)迁移到 Windows 10 中，并替换
当前操作系统。

【例 5-5】 升级安装 Windows 10 操作系统。

(1) 启动计算机后，打开 Windows 10 安装镜像(在 Windows 7 中需要通过虚拟光驱软件 Daemon
Tool 打开镜像文件)。

(2) 运行镜像文件中的 Setup.exe 文件，在打开的界面中单击【下一步】按钮，如图 5-42 所示。

(3) 在打开的【许可条款】界面中单击【接受】按钮，此时，安装程序将会检测系统安装环
境，稍等片刻。

（4）打开【准备就绪，可以安装】对话框，单击【安装】按钮，如图 5-43 所示。

图 5-42　单击【下一步】按钮　　　　　　　　图 5-43　单击【安装】按钮

（5）打开【选择需要保留的内容】对话框，选择当前系统需要保留的内容后，单击【下一步】按钮，开始安装 Windows 10。

（6）经过数次重启，完成操作系统的安装后进入系统设置界面，根据系统提示完成对操作系统的配置，即可将当前系统升级为 Windows 10，如图 5-44 所示。

（7）升级安装后的 Windows 10 系统，将保留原系统的桌面及软件，如图 5-45 所示。

图 5-44　完成系统设置　　　　　　　　　　　图 5-45　Windows 10 系统的桌面

5.3.3　启动和退出操作系统

在计算机中成功安装 Windows 10 后，用户可以参考以下方法启动与退出操作系统。

▽ 启动 Windows 10：按下计算机机箱上的电源开关按钮启动计算机，稍等片刻，在打开的 Windows 10 登录界面中单击【登录】按钮，输入相应的登录密码即可。

▽ 退出 Windows 10：单击桌面左下角的【开始】按钮，在弹出的菜单中选择【电源】选项，继续在弹出的子菜单中选择【关机】命令即可。

【例 5-6】　启用 Windows 10 的"快速启动"功能，加快系统的启动速度。

（1）在 Windows 10 系统的桌面上单击【开始】按钮（或者按下键盘上的 Win 键），在弹出的菜单中选择【设置】选项，如图 5-46 所示。

（2）打开【Windows 设置】窗口，单击【系统】选项，在打开的窗口中选择【电源和睡眠】选项，并在显示的选项区域中选择【其他电源设置】选项，如图 5-47 所示。

图 5-46　选择【设置】选项

图 5-47　选择【其他电源设置】选项

(3) 打开【电源选项】窗口，选择【选择电源按钮的功能】选项，打开【系统设置】窗口，然后单击【更改当前不可用的设置】链接，如图 5-48 所示。

(4) 在显示的选项区域中，用户可以设置【开始】菜单中【电源】选项的功能。其中，选中【启用快速启动(推荐)】复选框，可以加速 Windows 10 系统的启动速度，让系统在几秒内完成启动，如图 5-49 所示。

图 5-48　单击【更改当前不可用的设置】链接

图 5-49　选中【启用快速启动(推荐)】复选框

5.4　安装多操作系统

安装多操作系统是指在一台计算机上安装两个或两个以上操作系统，它们分别独立存在于计算机中，并且用户可以根据不同的需求启动其中任意一个操作系统。本节将向用户介绍多操作系统的相关基础知识以及安装多操作系统的方法。

计算机基础与实训教程系列

5.4.1　多操作系统的安装原则

与单一操作系统相比，多操作系统具有以下优点。

▽　避免软件冲突：有些软件只能安装在特定的操作系统中，或者只有在特定的操作系统中才能达到最佳效果。因此，如果安装了多操作系统，就可以将这些软件安装到最适宜运行的操作系统中。

▽　更高的系统安全性：当一个操作系统受到病毒感染而导致系统无法正常启动或杀毒软件失效时，就可以使用另外一个操作系统来修复中毒的系统。

▽　有利于工作和保护重要文件：当一个操作系统崩溃时，可以使用另一个操作系统继续工作，并对磁盘中的重要文件进行备份。

▽　便于体验新的操作系统：用户可在保留原系统的基础上，安装新的操作系统，以免因新系统的不足带来不便。

在计算机中安装多操作系统时，应对硬盘分区进行合理的配置，以免产生系统冲突。安装多操作系统时，应遵循以下原则。

▽　由低到高原则：由低到高是指根据操作系统版本级别的高低，先安装较低版本，再安装较高版本。例如，用户要在计算机中安装 Windows 7 和 Windows 10 双操作系统，最好先安装 Windows 7 系统，再安装 Windows 10 系统。

▽　单独分区原则：单独分区是指应尽量将不同的操作系统安装在不同的硬盘分区上，最好不要将两个操作系统安装在同一个硬盘分区上，以避免操作系统之间的冲突。

▽　保持系统盘的清洁：用户应养成不随便在系统盘中存储资料的好习惯，这样不仅可以减轻系统盘的负担，而且在系统崩溃或要格式化系统盘时，也不用担心会丢失重要资料。

5.4.2　多操作系统的安装和启动

在计算机中安装多操作系统时，应对硬盘分区进行合理的配置，以免产生系统冲突。在为计算机安装多操作系统之前，需要做好以下准备工作。

◉　对硬盘进行合理的分区，保证每个操作系统各自都有一个独立的分区。

◉　分配好硬盘的大小，对于 Windows 7 系统来说，最好应有 20GB~25GB 的空间；对于 Windows 10 系统来说，最好应有 40GB~60GB 的空间。

◉　对于要安装 Windows 7、Windows 8 或 Windows Server 2008 系统的分区，应格式化为 NTFS 格式。

◉　备份好磁盘中的重要文件，以免出现意外损失。

在安装了双操作系统后，用户还可设置两个操作系统的启动顺序或者将其中的任意一个操作系统设置为系统默认启动的操作系统。在 Windows 7 中安装了 Windows 10 系统后，会将默认启动的操作系统变为 Windows 10 系统。可通过设置修改默认启动的操作系统。

【例 5-7】　设置 Windows 7 为默认启动的操作系统，并设置等待时间为 10 秒。 📹视频

(1) 启动 Windows 7 系统，在桌面上右击【计算机】图标，选择【属性】命令，如图 5-50 所示。

(2) 在打开的【系统】窗口中，单击左侧的【高级系统设置】链接，如图 5-51 所示。

图 5-50　选择【属性】命令　　　　　　　图 5-51　单击【高级系统设置】链接

(3) 打开【系统属性】对话框。在【高级】选项卡的【启动和故障恢复】区域单击【设置】按钮，如图 5-52 所示。

(4) 打开【启动和故障恢复】对话框。在【默认操作系统】下拉列表中选择【Windows 7】选项。选中【显示操作系统列表的时间】复选框，然后在右侧的微调框中设置时间为 10 秒。最后，单击【确定】按钮即可，如图 5-53 所示。

图 5-52　单击【设置】按钮　　　　　　　图 5-53　设置时间

5.5　实例演练

本章的实例演练主要练习创建其他硬盘分区和建立用户账户，使用户更好地掌握本章内容。

计算机基础与实训教程系列

5.5.1 安装 Windows 7 后创建其他分区

【例 5-8】 使用 Windows 7 的磁盘管理功能对硬盘进行分区。 视频

(1) 在桌面上右击【计算机】图标，在弹出的快捷菜单中选择【管理】命令，如图 5-54 所示。

(2) 打开【计算机管理】窗口，选择左侧的【磁盘管理】选项，如图 5-55 所示。

图 5-54 选择【管理】命令　　　　　　　　　图 5-55 选择【磁盘管理】选项

(3) 打开【磁盘管理】窗口，在【未分配】卷标上右击，选择【新建简单卷】命令，如图 5-56 所示。

(4) 打开【新建简单卷向导】对话框，单击【下一步】按钮，如图 5-57 所示。

图 5-56 选择【新建简单卷】命令　　　　　　图 5-57 使用【新建简单卷向导】

(5) 打开【指定卷大小】对话框，为新建的卷指定大小，此处的单位是 MB，其中 1GB= 1024MB，如图 5-58 所示。

(6) 设置完毕后，单击【下一步】按钮，打开【分配驱动器号和路径】对话框，可为驱动器指定编号，保持默认设置，单击【下一步】按钮，如图 5-59 所示。

图 5-58 设置卷大小　　　　　　　　　　　图 5-59 【分配驱动器号和路径】对话框

(7) 打开【格式化分区】对话框，为【文件系统】选择 NTFS 格式，【分配单元大小】保持默认，使用【卷标】为分区起个名字，然后选中【执行快速格式化】复选框。单击【下一步】按钮，如图 5-60 所示。

(8) 单击【完成】按钮，将自动进行格式化，格式化完毕后即可成功创建分区，如图 5-61 所示。

　　图 5-60　【格式化分区】对话框

　　图 5-61　进行格式化操作

(9) 使用同样的操作方法，可以为其余未分配的磁盘空间创建分区，最终效果如图 5-62 所示。

　　图 5-62　完成格式化操作

5.5.2　创建新的用户账户

【例 5-9】　创建一个新的用户账户。 👀 视频

(1) 单击【开始】按钮，打开【开始】菜单，选择【控制面板】选项，打开【控制面板】窗口，在该窗口中单击【用户账户】图标，如图 5-63 所示。

　　图 5-63　打开【控制面板】窗口

计算机基础与实训教程系列

(2) 打开【用户账户】窗口，单击【管理其他账户】链接，如图 5-64 所示。

(3) 打开【管理账户】窗口，单击【创建一个新账户】链接，如图 5-65 所示。

图 5-64　【用户账户】窗口

图 5-65　【管理账户】窗口

(4) 打开【创建新账户】窗口，在文本框内输入新账户的名称。如果是创建标准账户，选中【标准用户】单选按钮；如果是创建管理员账户，则选中【管理员】单选按钮。此例选中【管理员】单选按钮，单击【创建账户】按钮，如图 5-66 所示。

(5) 此时即可创建用户名为"孙立"的管理员账户，如图 5-67 所示。

图 5-66　【创建新账户】窗口

图 5-67　创建管理员账户

5.6　习题

1. 学习全新安装 Windows 7 操作系统。

2. 什么是主分区、逻辑分区和扩展分区？

3. 简述多操作系统的安装原则。

第6章

安装驱动并检测硬件

安装完操作系统后，还要为硬件安装驱动程序(也可简称为驱动)，这样才能使计算机中的各个硬件有条不紊地进行工作。另外，用户还可以使用工具软件对计算机硬件的性能进行检测，了解自己的硬件配置，方便进行升级和优化。

本章重点

- 硬件驱动程序
- 检测计算机硬件性能
- 查看计算机硬件参数
- 使用计算机常用外设

二维码教学视频

6.1 安装硬件驱动程序

在安装完操作系统后，计算机仍不能正常使用。此时计算机的屏幕还不是很清晰、分辨率还不是很高，甚至可能没有声音，因为计算机还没有安装硬件的驱动程序。一般来说，需要手动安装的驱动程序主要有主板驱动、显卡驱动、声卡驱动、网卡驱动和一些外设驱动等。

6.1.1 认识驱动程序

驱动程序的全称是设备驱动程序，是一种可以使操作系统和硬件设备进行通信的特殊程序，其中包含了硬件设备的相关信息。可以说，驱动程序为操作系统访问和使用硬件提供了一个程序接口，操作系统只有通过该程序接口，才能控制硬件设备有条不紊地进行工作。

如果计算机中某个设备的驱动程序未能正确安装，该设备便不能正常工作。因此，驱动程序在系统中占有重要地位。一般来说，操作系统安装完毕后，首先要安装硬件设备的驱动程序。

> **提示**
>
> 常见的驱动程序的文件扩展名有以下几种：.dll、.drv、.exe、.sys、.vxd、.dat、.ini、.386、.cpl、.inf 和.cat 等。其中，核心的有.dll、.drv、.vxd 和.inf。

驱动程序是硬件不可缺少的组成部分。一般来说，驱动程序具有以下几项功能。

▽ 初始化硬件设备功能：实现对硬件的识别和硬件端口的读写操作，并进行中断设置，实现硬件的基本功能。

▽ 完善硬件功能：驱动程序可对硬件存在的缺陷进行消除，并在一定程度上提升硬件的性能。

▽ 扩展辅助功能：目前驱动程序的功能不仅仅局限于对硬件进行驱动，还增加了许多辅助功能，以帮助用户更好地使用计算机。驱动程序的多功能化已经成为未来发展的一个趋势。

驱动程序按照支持的硬件来分，可分为主板驱动、显卡驱动、声卡驱动、网卡程序和外设驱动(如打印机和扫描仪驱动程序)等。

另外，按照驱动程序的版本分，一般可分为以下几类。

▽ 官方正式版：官方正式版驱动程序是指按照芯片厂商的设计研发出来的、并经过反复测试和修正、最终通过官方渠道发布出来的正式版驱动程序，又称公版驱动程序。在运行时正式版本的驱动程序可保证硬件的稳定性和安全性，因此，建议用户在安装驱动程序时，尽量选择官方正式版。

▽ 微软 WHQL 认证版：这是微软对各硬件厂商驱动程序的一种认证，是为了测试驱动程序与操作系统的兼容性和稳定性而制定的。凡是通过 WHQL 认证的驱动程序，都能很好地和 Windows 操作系统相匹配，并具有非常好的稳定性和兼容性。

▽ Beta 测试版：Beta 测试版是指处于测试阶段、尚未正式发布的驱动程序，这种驱动程序的稳定性和安全性没有足够的保障，建议用户最好不要安装这种驱动程序。

▽ 第三方驱动：第三方驱动是指硬件厂商发布的、在官方驱动程序的基础上优化而成的驱动程序。与官方驱动程序相比，这种驱动具有更高的安全性和稳定性，并且拥有更加完善的功能和更加强劲的整体性能。因此，推荐品牌机用户使用第三方驱动；但对于组装机用户来说，官方正式版驱动仍是首选。

6.1.2　安装驱动的顺序和途径

在安装驱动程序时，为了避免安装后造成资源的冲突，应按照正确的顺序进行安装。一般来说，正确的驱动安装顺序如图 6-1 所示。

图 6-1　安装驱动程序的顺序

在安装硬件设备的驱动程序之前，首先需要了解设备的产品型号，然后找到对应的驱动程序。通常用户可以通过以下 4 种方法来获得硬件的驱动程序。

1. 操作系统自带驱动

现在的操作系统对硬件的支持越来越好，操作系统本身就自带大量的驱动程序，这些驱动程序可随着操作系统的安装而自动安装。因此，无须单独安装，便可使相应的硬件设备正常运行，如图 6-2 所示。

2. 产品自带驱动光盘

一般情况下，硬件生产厂商都会针对自己产品的特点，开发出专门的驱动程序，并在销售硬件时将这些驱动程序以光盘的形式免费附赠给购买者。由于这些驱动程序针对性比较强，因此其性能优于操作系统自带的驱动程序，能更好地发挥硬件的性能，如图 6-3 所示。

图 6-2　自带与非自带驱动的硬件

图 6-3　驱动光盘

计算机基础与实训教程系列

3. 通过网络下载驱动程序

用户可以通过访问相关硬件设备的官方网站，下载相应的驱动程序。这些驱动程序大多是最新推出的新版本，比购买硬件时赠送的驱动程序具有更高的稳定性和安全性，用户可及时地对旧版驱动程序进行升级更新。

4. 使用万能驱动程序

如果用户通过以上方法仍不能获得驱动程序，可以通过网站下载该类硬件的万能驱动，以解燃眉之急。

6.1.3 安装驱动程序

用户购买的计算机会自带一些必备的硬件驱动程序，如主板驱动、显卡驱动、网卡驱动等驱动程序。用户可以用光盘进行安装，比如用光盘安装显卡驱动，可参考下面的步骤进行。

(1) 首先，将显卡驱动的安装光盘放入光驱，此时系统自动开始初始化安装程序，并打开如图 6-4 所示的选择安装目录界面。

(2) 保持默认设置，然后单击 OK 按钮，安装程序开始提取文件，如图 6-5 所示。

图 6-4　选择安装目录

图 6-5　安装程序提取文件

(3) 打开初始化界面，如图 6-6 所示。初始化完毕后打开安装界面，单击【同意并继续】按钮，如图 6-7 所示，打开【安装选项】对话框。

图 6-6　初始化界面

图 6-7　安装界面

(4) 用户可选择【精简】和【自定义】两种模式，本例选中【精简】单选按钮，如图 6-8 所示，然后单击【下一步】按钮。

(5) 弹出【安装选项】窗口，选中【安装 NVIDIA 更新】复选框，然后单击【下一步】按钮，如图 6-9 所示。

图 6-8　安装选项

图 6-9　安装 NVIDIA 更新

（6）接下来，系统将开始自动安装显卡驱动，并在当前窗口中显示安装进度，如图 6-10 所示。

（7）驱动程序安装完毕后，打开【NVIDIA 安装程序已完成】对话框，单击【关闭】按钮，完成显卡驱动的安装，如图 6-11 所示。

图 6-10　安装进度

图 6-11　完成驱动的安装

驱动除了使用光盘安装之外，用户还可以使用第三方软件进行联网安装。比如驱动精灵就是一款优秀的驱动程序管理专家，它不仅能够快速而准确地检测计算机中的硬件设备，为硬件寻找最佳匹配的驱动程序，而且还可以通过在线更新，及时地升级硬件驱动程序。另外，它还可以快速地提取、备份以及还原硬件设备的驱动程序。

【例 6-1】　使用"驱动精灵"安装驱动。　视频

（1）要使用"驱动精灵"管理驱动程序，首先要安装驱动精灵。用户可通过网络下载并进行安装，网址为 http://www.drivergenius.com。

（2）启动"驱动精灵"程序后，单击软件主界面中的【立即检测】按钮，将开始自动检测计算机的软硬件信息，如图 6-12 所示。

（3）检测完毕后，会进入软件的主界面，单击【驱动管理】标签，可以检测到已安装的驱动程序，它们按列表排列，如图 6-13 所示。

图6-12 单击【立即检测】按钮

图6-13 查看驱动列表

（4）如果有驱动未安装，可以单击程序选项后的【安装】按钮，此时软件开始联网下载该驱动，如图6-14所示。

图6-14 下载驱动

（5）接下来，在打开的驱动程序安装向导中，单击【下一步】按钮，如图6-15所示。

（6）最后，驱动程序的安装程序将引导计算机重新启动，根据需要选中对应的单选按钮，单击【完成】按钮，如图6-16所示。

图6-15 单击【下一步】按钮

图6-16 完成驱动的安装

6.1.4 备份和恢复驱动程序

"驱动精灵"还具有备份驱动程序的功能，用户可使用"驱动精灵"方便地备份硬件的驱动程序，以保证在驱动丢失或更新失败时，可以通过备份方便地进行还原。

1. 备份驱动程序

用户可以参考下面介绍的方法，使用"驱动精灵"软件备份驱动程序。

【例 6-2】　使用"驱动精灵"备份驱动程序。　📹视频

(1) 启动"驱动精灵"程序后，在其主界面中单击【驱动管理】标签，然后在驱动程序选项的右侧单击下拉按钮，在弹出的菜单中选择【备份】选项，如图 6-17 所示。

(2) 打开【驱动备份还原】对话框，单击【一键备份】按钮，如图 6-18 所示。

图 6-17　选择【备份】选项　　　　　图 6-18　单击【一键备份】按钮

(3) 开始备份选中的驱动程序，并显示备份进度，如图 6-19 所示。

(4) 驱动程序备份完毕后，"驱动精灵"程序将显示如图 6-20 所示的界面，提示已完成指定驱动程序的备份。

图 6-19　开始备份驱动　　　　　　　图 6-20　完成驱动的备份

2. 还原驱动程序

如果用户备份了驱动程序，那么当驱动程序出错或更新失败而导致硬件不能正常运行时，就可以使用【驱动精灵】的还原功能来还原驱动程序。

(1) 启动"驱动精灵"程序后，在其主界面中单击【驱动管理】标签，然后在驱动程序选项的右侧单击下拉按钮，在弹出的菜单中选择【还原】选项，如图 6-21 所示。

(2) 打开【驱动备份还原】对话框，选中需要还原的驱动前面的复选框，然后单击【还原】按钮，如图 6-22 所示。

计算机基础与实训教程系列

（3）还原完毕后，重新启动计算机即可完成操作。

图 6-21　选择【还原】选项　　　　　　　　图 6-22　单击【还原】按钮

6.2　管理硬件驱动程序

设备管理器是 Windows 系统中的一种管理工具，可以用来管理计算机上的硬件设备，比如查看和更改设备属性、更新设备驱动程序、配置设备设置和卸载设备等。

6.2.1　查看硬件设备信息

通过设备管理器，用户可查看硬件的相关信息。例如，哪些硬件没有安装驱动程序、哪些设备或端口被禁用等。

【例 6-3】　查看计算机中硬件设备的相关信息。　🎬 视频

（1）在系统的桌面上右击【计算机】图标，在弹出的快捷菜单中选择【管理】命令，如图 6-23 所示。

（2）打开【计算机管理】窗口，单击【计算机管理】窗口左侧列表中的【设备管理器】选项，即可在窗口的右侧显示计算机中安装的硬件设备信息，如图 6-24 所示。

图 6-23　选择【管理】命令　　　　　　　　图 6-24　硬件设备信息

在【计算机管理】窗口中，当某个设备不正常时，通常会出现以下 3 种提示。

▽ 红色叉号：表示设备已被禁用，这些通常是用户不常用的一些设备或端口，禁用后可节省系统资源，提高启动速度。要想启用这些设备，可在设备上右击，在弹出的快捷菜单中选择【启用】命令即可。

▽ 黄色的问号：表示硬件设备未能被操作系统识别。

▽ 黄色的感叹号：表示硬件设备没有安装驱动程序或驱动安装不正确。

提示

出现黄色的问号或感叹号时，用户只需要重新为硬件安装正确的驱动程序即可。

6.2.2　更新硬件驱动程序

用户可通过设备管理器查看或更新驱动程序。

【例 6-4】 在计算机中更新驱动程序。　🎬视频

(1) 用户要查看显卡驱动，可在桌面上右击【计算机】图标，在弹出的快捷菜单中选择【管理】命令。在打开的【计算机管理】窗口中，单击左侧列表中的【设备管理器】选项，打开设备管理器，如图 6-25 所示。单击【显示适配器】选项前面的 ▷ 号。

(2) 在展开的列表中，右击 NVIDIA GeForce 9600 GT 选项，在弹出的快捷菜单中选择【属性】命令。打开【NVIDIA GeForce 9600 GT 属性】对话框，在该对话框中，用户可查看显卡驱动的版本等信息，如图 6-26 所示。

图 6-25　打开设备管理器

图 6-26　硬件设备的信息

提示

如果用户已经准备好新版本的驱动，可选择【浏览计算机以查找驱动程序软件】选项，手动更新驱动程序。

(3) 在设备管理器中右击 NVIDIA GeForce 9600 GT 选项，选择【更新驱动程序软件】命令，可打开更新向导，如图 6-27 所示。

(4) 在更新向导中，选中【自动搜索更新的驱动程序软件】选项，如图 6-28 所示。

计算机基础与实训教程系列

图 6-27　选择【更新驱动程序软件】命令　　　　图 6-28　选中【自动搜索更新的驱动程序软件】选项

（5）系统开始自动检测已安装的驱动信息，并搜索可以更新的驱动程序信息，如图 6-29 所示。

（6）如果用户已经安装最新版本的驱动，将显示如图 6-30 所示的对话框，提示用户无须更新，单击【关闭】按钮。

图 6-29　开始检测驱动信息　　　　　　　　图 6-30　已安装最新版本的驱动

6.2.3　卸载硬件驱动程序

用户可通过设备管理器卸载硬件驱动程序，本节以卸载声卡驱动为例来介绍驱动程序的卸载方法。

【例 6-5】　在 Windows 7 操作系统中，使用设备管理器卸载声卡驱动。　　视频

（1）打开设备管理器，然后单击【声音、视频和游戏控制器】选项前方的 ▷ 号，在展开的列表中右击要卸载的目标，在弹出的快捷菜单中选择【卸载】命令，如图 6-31 所示。

（2）弹出【确认设备卸载】提示框，选中【删除此设备的驱动程序软件】复选框，如图 6-32 所示。

图 6-31　卸载驱动　图 6-32　弹出的提示框

(3) 在弹出的提示框中单击【确定】按钮，即可开始卸载驱动程序。稍后打开【系统设置改变】对话框。单击【是】按钮，重新启动计算机后，完成声卡驱动的卸载。

6.3　查看计算机硬件参数

系统装好了，用户可以对计算机的各项硬件参数进行查看，以更好地了解计算机的性能。查看硬件参数包括查看 CPU 主频、内存容量、硬盘容量、显卡属性等。

6.3.1　查看 CPU 主频

CPU 主频即 CPU 内核工作时的时钟频率。用户可通过设备管理器查看 CPU 主频。步骤如下：

(1) 在桌面上右击【计算机】图标，在弹出的快捷菜单中选择【管理】命令，如图 6-33 所示。

(2) 打开【计算机管理】窗口，选择【计算机管理】窗口左侧列表中的【设备管理器】选项，即可在窗口的右侧显示计算机中安装的硬件设备信息。展开【处理器】下方的选项，即可查看 CPU 主频，如图 6-34 所示。

图 6-33　选择【管理】命令　图 6-34　查看 CPU 主频

计算机基础与实训教程系列

6.3.2 查看内存容量

内存容量是指内存条的存储容量，是内存条的关键性参数，用户可通过【系统】窗口来查看内存容量。步骤如下：

(1) 在桌面上右击【计算机】图标，在弹出的快捷菜单中选择【属性】命令，如图 6-35 所示。

(2) 打开【系统】窗口，在【系统】区域用户可看到本机安装的内存容量以及可用容量，如图 6-36 所示。

图 6-35　选择【属性】命令　　　　图 6-36　查看内存容量

6.3.3 查看硬盘容量

硬盘是计算机的主要数据存储设备，硬盘容量决定着个人计算机的数据存储能力。用户可通过设备管理器查看硬盘的总容量和各个分区的容量。

(1) 在桌面上右击【计算机】图标，在弹出的快捷菜单中选择【管理】命令，如图 6-37 所示。

(2) 打开【计算机管理】窗口，单击【磁盘管理】选项，即可在窗口的右侧显示硬盘的总容量和各个分区的容量，如图 6-38 所示。

图 6-37　选择【管理】命令　　　　图 6-38　查看硬盘容量

6.3.4　查看显卡属性

显卡是组成计算机的重要硬件设备之一，显卡性能的好坏直接影响着显示器的显示效果。查看显卡的相关信息可以帮助用户了解显卡的型号和显存等信息，方便以后维修或排除故障。步骤如下：

(1) 选择【开始】|【控制面板】命令，打开【控制面板】窗口，在显示出所有控制面板选项之后单击【显示】图标，如图 6-39 所示。

(2) 打开【显示】窗口，然后在窗口的左侧选择【调整分辨率】选项，如图 6-40 所示。

图 6-39　单击【显示】图标

图 6-40　选择【调整分辨率】选项

(3) 打开【屏幕分辨率】窗口，单击【高级设置】选项，如图 6-41 所示。

(4) 打开如图 6-42 所示的对话框，在其中可以查看显卡的型号以及驱动等信息。

图 6-41　单击【高级设置】选项

图 6-42　查看显卡信息

6.4　检测计算机硬件性能

在了解了计算机硬件的参数以后，还可以通过性能检测软件来检测硬件的实际性能。这些硬件测试软件会将测试结果以数字的形式展现给用户，方便用户更直观地了解设备性能。

计算机基础与实训教程系列

6.4.1 检测 CPU 性能

CPU-Z 是一款常见的 CPU 测试软件，除了使用 Intel 或 AMD 推出的检测软件之外，人们平时使用最多的此类软件就数它了。CPU-Z 支持的 CPU 种类相当全面，软件的启动速度及检测速度都很快。另外，它还能检测主板和内存的相关信息。步骤如下：

(1) 在计算机中安装并启动 CPU-Z 软件后，该软件将自动检测当前计算机中 CPU 的参数(包括名字、工艺、型号等)，并显示在主界面中，如图 6-43 所示。

(2) 在 CPU-Z 的主界面中，可以选择【缓存】【主板】【内存】等选项卡，查看 CPU 的具体参数指标，如图 6-44 所示。

图 6-43　自动检测 CPU 参数

图 6-44　查看 CPU 信息

(3) 单击【工具】下拉列表按钮，在弹出的下拉列表中选中【保存报告】命令，可以将获取的 CPU 参数报告保存。

6.4.2 检测内存性能

内存主要用来存储当前执行的程序的数据，并与 CPU 进行交换。使用内存检测工具可以快速扫描内存，测试内存性能。

DMD 是腾龙备份大师配套增值工具中的一员，中文名为系统资源监测与内存优化工具。它是一款可运行在全系列 Windows 平台上的资源监测与内存优化软件，该软件为腾龙备份大师的配套增值软件。DMD 无须安装直接解压缩即可。它是一款基于汇编技术的高效率、高精确度的内存、CPU 监测及内存优化整理系统，能够让计算机系统长时间保持最佳的运行状态。步骤如下：

(1) 在计算机中安装并启动 DMD 软件后，用户可以很直观地查看到系统资源所处的状态。使用该软件的优化功能，可以让系统长时间处于最佳的运行状态，如图 6-45 所示。

(2) 将鼠标指针放置在【颜色说明】选项上，即可在打开的颜色说明浮动框中查看绿色、黄色、红色所代表的含义，然后单击【系统设定】链接，如图 6-46 所示。

图 6-45 启动软件

图 6-46 单击【系统设定】链接

（3）打开【设定】对话框，拖动内存滑块至 90%，选中【启用自动整理功能】和【整理前显示警告信息】复选框，单击【确定】按钮，如图 6-47 所示。

（4）在主界面下方单击【立即优化】文本链接，将显示系统正在进行内存优化，如图 6-48 所示。

图 6-47 设置内存

图 6-48 开始优化

6.4.3 检测显示器性能

显示器的坏点、亮点等故障问题用户应该都知道，显示器是由无数个亮点组成的，如果有亮点坏掉，将会影响显示器的视觉效果。

DisplayX 是一款小巧的显示器常规检测和液晶显示器坏点、延迟时间检测软件，可以在微软 Windows 全系列操作系统中正常运行。步骤如下：

（1）在计算机中安装并启动 DisplayX 软件后，在菜单栏中选择【常规完全测试】选项，如图 6-49 所示。

（2）你首先看到的是对比度检测界面，在此界面中调节亮度，让色块都能显示出来并且高度不同，确保黑色不变灰，每个色块都能显示出来，如图 6-50 所示。

图 6-49 选择【常规完全测试】选项

图 6-50 对比度检测

计算机基础与实训教程系列

（3）进入对比度检测，能分清每个黑色和白色区域的显示器为上品，如图 6-51 所示。

（4）进入灰度检测，测试显示器的灰度还原能力，看到的颜色过渡越平滑越好，如图 6-52 所示。

图 6-51　显示对比度

图 6-52　灰度检测

（5）进入 256 级灰度，测试显示器的灰度还原能力，最好让色块全部显示出来，如图 6-53 所示。

（6）进入呼吸效应检测，单击鼠标时，画面在黑色和白色之间过渡时，若看到画面边界有明显的抖动，就说明显示器不好，不抖动的显示器为上品，如图 6-54 所示。

图 6-53　进入 256 级灰度

图 6-54　呼吸效应检测

（7）进入几何形状检测，调节控制台的几何形状，确保不变形。

（8）测试 CRT 显示器的聚焦能力，需要特别注意四个边角的文字，各位置越清晰越好，如图 6-55 所示。

（9）进入纯色检测，主要用于检测 LCD 坏点，共有黑、红、绿、蓝等多种纯色显示方案，能方便查出坏点，如图 6-56 所示。

图 6-55　测试聚焦能力

图 6-56　纯色检测

（10）进入交错检测，用于查看显示器效果的干扰，如图 6-57 所示。

（11）进入锐利检测，也是最后一项检测，好的显示器可以分清边缘的每一条线，如图 6-58 所示。

图 6-57　交错检测

图 6-58　锐利检测

6.4.4　使用鲁大师检测硬件

鲁大师是一款专业的硬件检测工具，它能轻松辨别硬件真伪，主要功能包括查看计算机配置、实时检测硬件温度、测试计算机性能以及进行驱动的安装与备份等。

鲁大师自带的硬件检测功能是最常用的硬件检测方式，不仅检测准确，而且可以对整个计算机的硬件信息(包括 CPU、显卡、内存、主板和硬盘等核心硬件的品牌型号)进行全面查看。

【例 6-6】　使用"鲁大师"硬件检测工具，检测并查看硬件详细信息。　视频

(1) 下载并安装"鲁大师"软件，然后启动该软件，将自动检测硬件信息，如图 6-59 所示。

(2) 在"鲁大师"软件界面的左侧，单击【硬件健康】按钮，在打开的界面中将显示硬件的制造信息，如图 6-60 所示。

图 6-59　自动检测硬件信息

图 6-60　单击【硬件健康】按钮

(3) 单击软件界面左侧的【处理器信息】按钮，在打开的界面中可以查看 CPU 的详细信息，例如处理器类型、速度、生产工艺、插槽类型、缓存以及处理器特征等，如图 6-61 所示。

(4) 单击软件界面左侧的【主板信息】按钮，显示计算机主板的详细信息，包括型号、芯片组、BIOS 版本和制造日期，如图 6-62 所示。

图 6-61　单击【处理器信息】按钮

图 6-62　单击【主板信息】按钮

（5）单击软件界面左侧的【内存信息】按钮，显示内存的详细信息，包括制造日期、型号和序列号等，如图 6-63 所示。

（6）单击软件界面左侧的【硬盘信息】按钮，显示硬盘的详细信息，包括产品型号、容量大小、转速、缓存、使用次数、数据传输率等，如图 6-64 所示。

图 6-63　单击【内存信息】按钮　　　　　图 6-64　　单击【硬盘信息】按钮

（7）单击软件界面左侧的【显卡信息】按钮，显示显卡的详细信息，包括显卡型号、显存大小、制造商等，如图 6-65 所示。

（8）单击软件界面左侧的【显示器信息】按钮，显示显示器的详细信息，包括产品信号、平面尺寸等，如图 6-66 所示。

图 6-65　　单击【显卡信息】按钮　　　　　图 6-66　　单击【显示器信息】按钮

（9）单击软件界面左侧的【其他硬件】按钮，显示网卡、声卡、键盘、鼠标的详细信息，如图 6-67 所示。

（10）单击软件界面左侧的【功耗估算】按钮，显示计算机中各硬件的功耗信息，如图 6-68 所示。

图 6-67　　单击【其他硬件】按钮　　　　　图 6-68　　单击【功耗估算】按钮

用户要想知道计算机能够胜任哪方面的工作，如适用于办公、玩游戏还是看高清视频，可通过鲁大师对计算机进行性能测试。

首先启动鲁大师软件，然后关闭除鲁大师外的所有正在运行的程序，单击软件界面上方的【性能检测】按钮，默认选择【电脑性能检测】选项卡，单击【开始评测】按钮，如图 6-69 所示。此时，软件将依次对处理器、显卡、内存以及磁盘的性能进行评测。完毕后，你会得到综合性能评分。此时，选择【综合性能排行榜】选项卡便可查看计算机的排名情况，如图 6-70 所示。

图 6-69　单击【开始评测】按钮

图 6-70　选择【综合性能排行榜】选项卡

6.5　使用计算机常用外设

常用的计算机外设主要包括打印机、传真机和一些移动存储设备(如 U 盘和移动硬盘等)。本节将详细介绍将这些设备连接到计算机的方法。

6.5.1　使用打印机

打印机是计算机的输出设备之一，用户可以利用打印机将计算机中的文档、表格以及图片、照片等打印到相关介质上。目前，家庭常用的打印机类型为彩色喷墨打印机与照片打印机。

1. 连接打印机

在安装打印机前，应先将打印机连接到计算机并装上打印纸。目前，常见的打印机一般都为 USB 接口，只需要连接到计算机主机的 USB 接口，然后接好电源，并打开打印机开关即可。步骤如下：

(1) 使用 USB 连接线将打印机与计算机主机的 USB 接口相连，并装入打印纸，如图 6-71 所示。

(2) 调整打印机中打印纸的位置，使它们位于打印机纸屉的中央，如图 6-72 所示。

图 6-71　装入打印纸

图 6-72　调整打印纸

(3) 接下来，连接打印机电源，如图 6-73 所示。

（4）最后，打开打印机开关，如图 6-74 所示。

图 6-73　连接打印机电源

图 6-74　打开打印机开关

2. 安装打印机

完成打印机的连接后，可以参考下例中介绍的方法，安装并测试打印机。

【例 6-7】　在 Windows 7 操作系统中安装并测试打印机。　视频

（1）单击【开始】按钮，在弹出的菜单中选择【设备和打印机】命令，如图 6-75 所示。

（2）打开【设备和打印机】窗口，单击【添加打印机】按钮，如图 6-76 所示。

图 6-75　选择【设备和打印机】命令

图 6-76　单击【添加打印机】按钮

（3）打开【添加打印机】对话框，单击【添加本地打印机】按钮，如图 6-77 所示。

（4）打开【选择打印机端口】对话框，设置打印机端口，单击【下一步】按钮，如图 6-78 所示。

图 6-77　【添加打印机】对话框

图 6-78　设置打印机端口

(5) 打开【安装打印机驱动程序】对话框，单击下方的【从磁盘安装】按钮，如图 6-79 所示。

(6) 打开【从磁盘安装】对话框，单击【浏览】按钮，如图 6-80 所示。

图 6-79 【安装打印机驱动程序】对话框

图 6-80 【从磁盘安装】对话框

(7) 打开【查找文件】对话框，选中打印机的驱动文件后，单击【打开】按钮，返回【从磁盘安装】对话框。

(8) 在【从磁盘安装】对话框中，单击【确定】按钮，返回到【安装打印机驱动程序】对话框。在该对话框中的列表框内，选中对应的打印机驱动程序后，单击【下一步】按钮，如图 6-81 所示。

(9) 打开【键入打印机名称】对话框，在【打印机名称】文本框中输入打印机的名称后，单击【下一步】按钮，如图 6-82 所示。

图 6-81 选中对应的打印机驱动程序

图 6-82 输入打印机的名称

(10) 开始安装打印机驱动程序，如图 6-83 所示。

(11) 完成以上操作后，系统将打开如图 6-84 所示的对话框，完成打印机驱动程序的安装。用户可以在该对话框中，单击【打印测试页】按钮，测试打印机的打印效果是否正常。

图 6-83　开始安装打印机驱动程序　　　　　　　　图 6-84　打印测试页

3. 设置网络打印机

现在很多家庭都有不只一台计算机，为每台计算机都配备一台打印机显得过于浪费，可以让多台计算机共用一台打印机。

【例 6-8】　在 Windows 7 操作系统中设置网络打印机。　视频

(1) 单击【开始】按钮，在弹出的菜单中选中【设备和打印机】命令，打开【设备和打印机】窗口。

(2) 单击【添加打印机】按钮，打开【添加打印机】对话框，单击【添加网络、无线或 Bluetooth 打印机】按钮，如图 6-85 所示。

(3) 系统开始自动搜索网络中的可用打印机，如图 6-86 所示。

图 6-85　单击【添加网络、无线或 Bluetooth 打印机】按钮　　　　图 6-86　搜索网络中的可用打印机

(4) 在打开的对话框中选中【按名称选择共享打印机】单选按钮后，单击【浏览】按钮，如图 6-87 所示。

(5) 在打开的对话框中选中网络里其他计算机中的打印机，然后单击【选择】按钮，返回【按名称或 TCP/IP 地址查找打印机】对话框，如图 6-88 所示。

图 6-87　查找打印机

图 6-88　选择网络里其他计算机中的打印机

(6) 在【按名称或 TCP/IP 地址查找打印机】对话框中，单击【下一步】按钮，系统将连接网络打印机，如图 6-89 所示。

(7) 成功连接打印机后，在打开的对话框中单击【下一步】按钮，如图 6-90 所示。

图 6-89　进行打印机连接

图 6-90　成功连接打印机

(8) 最后，在打开的对话框中单击【完成】按钮，完成网络打印机的设置。

6.5.2　使用移动存储设备

U 盘、移动硬盘是目前最为常用的移动存储设备，用户可以使用它们将计算机中的数据与资料随身携带。用户可以参考下例介绍的方法，在计算机中使用 U 盘与移动硬盘。

【例 6-9】　操作移动硬盘，将当前计算机 D 盘中的 Music 文件夹拷贝到 U 盘中。　　视频

(1) 将 U 盘插入计算机机箱上的 USB 插槽，连接成功后，在桌面任务栏的通知区域面板中会显示图标，如图 6-91 所示。

(2) 此时，双击【计算机】图标，打开【计算机】窗口，在【有可移动存储的设备】区域会出现【可移动磁盘(F:)】图标。双击【本地磁盘(D:)】图标，如图 6-92 所示。

图 6-91 通知区域面板

图 6-92 双击【本地磁盘(D:)】图标

（3）打开【本地磁盘(D:)】窗口，右击 Music 文件夹，在弹出的快捷菜单中选择【复制】命令，如图 6-93 所示。

（4）返回【计算机】窗口，双击【可移动磁盘(F:)】图标，如图 6-94 所示。

图 6-93 复制文件夹

图 6-94 双击【可移动磁盘(F:)】图标

（5）打开【可移动磁盘(F:)】窗口，在空白处右击，在弹出的快捷菜单中选择【粘贴】命令，如图 6-95 所示。

（6）系统开始复制文件到 U 盘中并显示文件复制的进度，如图 6-96 所示。

图 6-95 粘贴复制的文件夹

图 6-96 显示文件复制的进度

（7）此时，观察 U 盘的指示灯，会发现指示灯在不停地闪烁，说明 U 盘和计算机之间有转移文件的操作。

（8）文件复制完毕后，如图 6-97 所示。U 盘不能直接拔下，应先将目前打开的关于 U 盘的文件和文件夹全部关闭，然后单击通知区域面板中的 图标，并选择【弹出 Mass Storage】命令，如图 6-98 所示。

(9) 当桌面的右下角出现【安全地移除硬件】提示并且 U 盘的指示灯熄灭时，再将 U 盘从计算机中拔出，如图 6-99 所示。

图 6-97　完成文件的复制　图 6-98　选择【弹出 Mass Storage】命令　图 6-99　【安全地移除硬件】提示

6.5.3　使用传真机

传真机在日常办公中发挥着非常重要的作用，因为具有可以不受地域限制发送信号，且传送速度快、接收的副本质量好、准确性高等特点，已成为众多企业传递信息的重要工具之一，如图 6-100 所示。

图 6-100　传真机

传真机通常具有普通电话的功能，但其操作相比电话机复杂一些。传真机的外观与结构各不相同，但一般都包括操作面板、显示屏、话筒、纸张入口和纸张出口等部分。其中，操作面板是传真机最为重要的部分，包括数字键、【免提】键、【应答】键和【重拨/暂停】键等，另外还包括【自动/手动】键、【功能】键、【设置】键等按键和一些工作状态指示灯。

1. 发送传真

在连接好传真机之后，按下传真机的电源开关，就可以使用传真机传递信息了。

发送传真的方法很简单，先将传真机的导纸器调整到需要发送的文件的宽度，再将要发送的文件的正面朝下放入纸张入口。在发送时，应把先发送的文件放置在最下面。然后拨打接收方的传真号码，要求对方传输信号，当听到从接收方传真机传来的信号(一般是"嘟"声)时，按【开始】键即可进行文件的传输。

2. 接收传真

使用传真机接收传真的方式有自动接收和手动接收两种。

▽ 自动接收传真：当设置为自动接收模式时，用户无法通过传真机进行通话，当传真机检查到其他用户发来的传真信号后便会开始自动接收；当设置为手动接收模式时，传真机的来电铃声和电话铃声一样，用户需要通过手动操作来接收传真。

▽ 手动接收传真：当听到传真机响起时拿起话筒，根据对方要求，按【开始】键接收信号。当对方发送传真数据后，传真机将自动接收传真文件。

6.5.4 使用扫描仪

扫描仪是一种光机一体化高科技产品，是一种输入设备，可以将图片、照片、胶片以及文稿资料等书面材料或实物的外观扫描后输入计算机并以图片文件格式保存起来。扫描仪主要分为平板式扫描仪和手持式扫描仪两种，如图 6-101 所示。

图 6-101　扫描仪

使用扫描仪时，首先要将扫描仪正确连接至计算机，并安装驱动程序。扫描仪的硬件连接方法与其他办公设备的连接方法类似，只需要将扫描仪的 USB 接口插入计算机主机的 USB 接口即可。扫描仪连接完毕后，一般来说还要安装驱动程序，驱动程序安装完毕后，就可以使用扫描仪来扫描文件了。扫描文件需要软件的支持，一些常用的图形图像软件都支持使用扫描仪，例如 Microsoft Office 工具的 Microsoft Office Document Imaging 程序。

在将扫描仪与计算机连接后，需要把扫描仪的电源线接好，如果这时接通计算机，扫描仪会先进行自动测试。测试成功后，扫描仪上面的 LCD 指示灯将保持绿色状态，表示扫描仪已经准备好，可以开始使用。

6.6　实例演练

本章的实例演练主要练习使用鲁大师对硬件进行测试，使用户进一步掌握查看和维护计算机硬件的方法。

【例 6-10】　使用"鲁大师"进行硬件的温度测试。🎬视频

(1) 启动鲁大师软件，单击【温度管理】按钮，选择【温度监控】选项卡，单击【温度压力测试】按钮，如图 6-102 所示。

(2) 进入对比度检测界面，在此界面中调节亮度，让色块都能显示出来并且高度不同，确保黑色不变灰，每个色块都能显示出来的相对比较好，在提示框中单击【确定】按钮，如图 6-103 所示。

图 6-102　单击【温度压力测试】按钮

图 6-103　单击【确定】按钮

(3) 进入对比度检测，能分清每个黑色和白色区域的显示器为上品，如图 6-104 所示。

(4) 返回初始界面，单击【温度管理】按钮，默认选择【温度监控】选项卡，在展开的界面中显示了散热情况，如图 6-105 所示。

图 6-104　对比度检测

图 6-105　显示散热情况

(5)【资源占用】栏显示了 CUP 和内存的使用情况，单击右上角的【优化内存】超链接，鲁大师将自动优化物理内存，使其达到最佳运行状态，如图 6-106 所示。

(6) 选择【节能降温】选项卡，其中提供了全面节能和智能降温两种模式，选中【全面节能】单选按钮，单击【节能设置】|【设置】超链接，如图 6-107 所示。

图 6-106　优化物理内存

图 6-107　进行节能设置

(7) 打开【鲁大师设置中心】对话框，在【节能降温】选项卡中选中【根据检测到的显示器类型，自动启用合适的节能墙纸】复选框，单击【关闭】按钮，如图 6-108 所示。

(8) 返回【节能降温】选项卡，此时在【节能设置】选项区域，【启用节能墙纸】选项显示已开启，如图 6-109 所示。

图 6-108　进行节能降温

图 6-109　显示节能设置

6.7　习题

1. 如何使用 Windows 7 自带的功能查看硬件设备？

2. 如何安装网络打印机？

3. 如何安装和卸载硬件的驱动程序？

第7章

操作系统和常用软件

安装好 Windows 7 操作系统之后，就可以开始体验该操作系统了。计算机在日常办公使用中，需要很多软件加以辅助。常用的软件有 Office 办公软件、WinRAR 压缩软件、ACDSee 图片浏览软件等。本章将详细介绍 Windows 7 操作系统和一些常用软件的使用方法。

本章重点

- Windows 7 的桌面
- 安装和卸载软件

- Windows 7 的窗口和对话框
- 常用软件的操作

二维码教学视频

7.1 Windows 7 的桌面

在 Windows 7 操作系统中，"桌面"是一个重要的概念，它指的是当用户启动并登录操作系统后，用户所看到的主屏幕区域。桌面相当于用户进行工作的写字台，由桌面图标、【开始】按钮、任务栏等几个部分组成。

7.1.1 认识桌面

启动并登录 Windows 7 后，出现在整个屏幕上的区域称为"桌面"，如图 7-1 所示。在 Windows 7 系统中，大部分操作都是通过桌面完成的。桌面主要由桌面图标、任务栏、【开始】菜单等组成。

▽ 桌面图标：桌面图标就是整齐排列在桌面上的一系列图片，由图标和图标名称两部分组成，如图 7-2 所示。有的图标在左下角有一个箭头，这些图标被称为"快捷方式图标"，双击此类图标可以快速启动相应的程序。

图 7-1　桌面

图 7-2　桌面图标

▽ 任务栏：任务栏是位于桌面底部的一块条形区域，它显示了系统正在运行的程序、打开的窗口和当前时间等内容，如图 7-3 所示。

▽ 【开始】菜单：【开始】按钮位于桌面的左下角，单击该按钮将弹出【开始】菜单。【开始】菜单是 Windows 7 操作系统中的重要元素，其中存放了操作系统或系统设置的绝大多数命令，而且还可以使用当前操作系统中安装的所有程序，如图 7-4 所示。

图 7-3　任务栏

图 7-4　【开始】菜单

7.1.2　使用桌面图标

常用的系统图标有【计算机】【网络】【回收站】和【控制面板】图标等。除了添加系统图标之外，用户还可以添加快捷方式图标，并且可以进行图标的排列和重命名操作。

1. 添加系统图标

第一次进入 Windows 7 操作系统的时候，你会发现桌面上只有【回收站】图标，要增加其他常用系统图标，可以使用下面的方法进行操作。

【例 7-1】　在桌面上添加【计算机】和【网络】两个系统图标。 　　视频

(1) 在桌面空白处右击鼠标，在弹出的快捷菜单中选择【个性化】命令，如图 7-5 所示。

(2) 单击打开的【个性化】窗口中左侧的【更改桌面图标】链接，如图 7-6 所示。

图 7-5　右键快捷菜单

图 7-6　单击【更改桌面图标】链接

(3) 打开【桌面图标设置】对话框，选中【计算机】和【网络】两个复选框，然后单击【确定】按钮，如图 7-7 所示，即可在桌面上添加这两个系统图标，如图 7-8 所示。

图 7-7　进行桌面图标设置

图 7-8　添加系统图标

2. 添加快捷方式图标

除了系统图标，还可以添加其他应用程序或文件夹的快捷方式图标。一般情况下，在安装一个新的应用程序后，都会自动在桌面上建立相应的快捷方式图标。如果没有自动建立快捷方式图标，可采用以下方法来添加。

在程序的启动图标上右击鼠标，选择【发送到】|【桌面快捷方式】命令，即可为程序创建快捷方式图标并显示在桌面上，如图 7-9 所示。

图 7-9　添加快捷方式图标

3. 排列图标

用户安装了新的程序后，在桌面上会相应地添加更多的快捷方式图标。为了让用户更方便、快捷地使用图标，可以将图标按照自己的要求排列顺序。排列图标时，除了用鼠标拖曳图标随意安放外，用户也可以按照名称、大小、类型和修改日期来排列桌面图标。

例如，在桌面的空白处右击鼠标，在弹出的快捷菜单中选择【排序方式】|【项目类型】命令，桌面上的图标即可按照类型进行排列，如图 7-10 所示。

图 7-10　按类型排列图标

7.1.3　使用任务栏

用户通过任务栏可以完成许多操作。任务栏最左边圆(球)状的立体按钮便是【开始】按钮，在【开始】按钮的右边依次是快速启动区(包含 IE 图标、库图标等系统自带程序、当前打开的窗口和程序等)、语言栏(输入法语言)、通知区域、【显示桌面】按钮(单击即可显示完整桌面,再次单击会还原),如图 7-11 所示。

图 7-11 Windows 7 的任务栏

1. 任务栏按钮

Windows 7 的任务栏可以将计算机中运行的同一程序的不同文档集中在同一个图标上。如果是尚未运行的程序,单击相应图标可以启动对应的程序;如果是运行中的程序,单击图标则会将对应的程序窗口放在最前端。在任务栏上,用户可以通过鼠标的各种按键操作来实现不同的功能。

▽ 单击左键:如果图标对应的程序尚未运行,单击左键即可启动对应的程序;如果已经运行,单击左键则会将对应的程序窗口放置于最前端。如果程序打开了多个窗口和标签,单击左键可以查看所有窗口和标签的缩略图,再次单击缩略图中的某个窗口,即可将该窗口显示于桌面的最前端,如图 7-12 所示。

▽ 单击中键:用中键单击程序的图标后,会新建一个窗口。如果鼠标上没有中键,也可以借助滚轮实现单击中键的效果。

▽ 单击右键:用右键单击程序的图标,可以打开跳转列表,查看程序的历史记录以及用于解锁任务栏和关闭程序的命令,如图 7-13 所示。

图 7-12 显示程序的缩略图

图 7-13 打开跳转列表

> **提示**
>
> 任务栏的快速启动区中的图标可以用鼠标左键拖曳移动,从而改变它们的顺序。对于已经启动的程序的任务栏按钮,Windows 7 还提供一些特别的视觉效果。

2. 任务进度监视

在 Windows 7 操作系统中,任务栏中的按钮具有任务进度监视的功能。例如,用户在复制某

计算机基础与实训教程系列

个文件时，在任务栏的按钮中同样会显示复制进度，如图 7-14 所示。

图 7-14　进度监视

7.1.4　使用【开始】菜单

在 Windows 7 操作系统中，【开始】菜单主要由固定程序列表、常用程序列表、所有程序菜单、启动菜单列表、搜索文本框和关机按钮组等组成，如图 7-15 所示。

图 7-15　【开始】菜单的组成

各构成元素的作用如下。

▽ 常用程序列表：里面列出了最近频繁使用的程序的快捷方式，只要是在所有程序列表中运行过的程序，系统就会按照使用频率的高低自动将它们排列在常用程序列表中。另外，对于某些支持跳转列表功能的程序(右侧会带有箭头)，也可以在这里显示出跳转列表，如图 7-16 所示。

▽ 所有程序列表：系统中的所有程序都能在所有程序列表里找到。用户只需要将光标指向或单击【所有程序】命令，即可显示所有程序列表，如图 7-17 所示。如果将光标指向或单击【返回】命令，则恢复为常用程序列表。

图 7-16　跳转列表

图 7-17　所有程序列表

▽ 固定程序列表：里面列出了硬盘上的一些常用位置，使用户能快速进入常用文件夹或系
统设置，比如【计算机】【控制面板】【设备和打印机】等常用程序及设备。

▽ 搜索文本框：在搜索文本框中输入关键字，即可搜索本机安装的程序或文档。

▽ 关机按钮组：由【关机】按钮和旁边可通过单击按钮▣打开的下拉菜单组成，下拉菜单
中包含【关机】【睡眠】【锁定】【注销】【切换用户】【重新启动】这些系统命令。

【例 7-2】 通过【开始】菜单搜索运行在硬盘上的迅雷软件。 🎬 视频

(1) 单击【开始】按钮，打开【开始】菜单，在搜索文本框中输入"迅雷"，如图 7-18 所示。

(2) 系统自动搜索出与关键字"迅雷"相匹配的内容，并将结果显示在【开始】菜单里面。
单击【启动迅雷 7】选项，即可启动迅雷软件，如图 7-19 所示。

图 7-18 搜索文本框

图 7-19 关键字"迅雷"的搜索结果

7.2 Windows 7 的窗口和对话框

窗口是 Windows 操作系统的重要组成部分，很多操作都是通过窗口来完成的。对话框是用
户在操作计算机的过程中由系统弹出的一种特殊窗口，在对话框中用户通过对选项的选择和设
置，可以对相应的对象进行某项特定操作。

7.2.1 窗口的组成

Windows 7 中最为常用的就是【计算机】窗口和一些应用程序的窗口，这些窗口的组成元素
基本相同。

以【计算机】窗口为例，窗口的组成元素主要有标题栏、地址栏、搜索栏、工具栏、窗口工
作区、导航窗格、状态栏等，如图 7-20 所示。

▽ 标题栏：标题栏位于窗口的顶端，标题栏的最右端通常会显示【最小化】按钮▭、【最

大化/还原】按钮 和【关闭】按钮 ，通常情况下，用户可以通过标题栏移动窗口、改变窗口的大小和关闭窗口。

▽ 地址栏：用于显示和输入当前浏览位置的详细路径信息，Windows 7 的地址栏提供了按钮功能，单击地址栏中文件夹后的 ▶ 按钮，会弹出一个下拉菜单，里面列出了与该文件夹同级的其他文件夹，在这个下拉菜单中选择相应的路径便可跳转到对应的文件夹，如图 7-21 所示。

图 7-20　【计算机】窗口

图 7-21　地址栏

▽ 搜索栏：Windows 7 窗口右上角的搜索栏与【开始】菜单中搜索文本框的作用和用法相同，都具有在计算机中搜索各种文件的功能，如图 7-22 所示。搜索时，地址栏中会显示搜索进度。

▽ 工具栏：工具栏位于地址栏的下方，提供了一些基本工具和菜单任务，如图 7-23 所示。

图 7-22　搜索栏　　　　　　　　图 7-23　工具栏

▽ 窗口工作区：用于显示主要的内容，如多个不同的文件夹、磁盘驱动等。它是窗口中最主要的部分。

▽ 导航窗格：位于窗口的左侧，给用户提供了树状结构的文件夹列表，从而方便用户迅速定位所需的目标。导航窗格从上到下分为不同的类别，通过单击每个类别前的箭头，可以展开或合并。

▽ 状态栏：位于窗口的底部，用于显示当前操作的状态及提示信息，以及当前用户选定对象的详细信息。

7.2.2　调整窗口大小

在 Windows 7 中，用户可以使用窗口标题栏中的【最小化】【最大化/还原】【关闭】按钮来操作窗口。

▽ 最小化：是指将窗口以标题按钮的形式最小化到任务栏中，不显示在桌面上。

▽ 最大化：是指将当前窗口放大显示在整个屏幕上，当窗口最大化时，【最大化】按钮变为【还原】按钮，单击则会缩放至原来大小。

▽ 关闭：是指把窗口完全关闭。

此外，用户可通过对窗口进行拖曳来改变窗口的大小，只需要将鼠标指针移动到窗口四周的边框或四个角上，当鼠标指针变成双箭头形状时，按住鼠标左键不放进行拖曳便能拉伸或收缩窗口。Windows 7 系统特有的 Aero 特效功能也可以改变窗口大小，比如用鼠标拖曳【计算机】窗口的标题栏至屏幕的最上方，当鼠标指针碰到屏幕的上边沿时，会出现放大的"气泡"，同时你会看到 Aero Peek 效果(窗口的边框是透明的)，此时松开鼠标左键，【计算机】窗口即可全屏显示，如图 7-24 所示。

图 7-24　Aero Peek 效果

7.2.3　排列和预览窗口

当用户打开多个窗口，需要它们同时处于显示状态时，排列好窗口就会让操作变得很方便。Windows 7 系统提供了层叠、堆叠、并排三种窗口排列方式。

用户可以右击任务栏，在弹出的快捷菜单里选择【层叠窗口】命令，如图 7-25 所示，窗口即可以图 7-26 所示的方式排列。

图 7-25　选择【层叠窗口】命令　　　　　图 7-26　窗口层叠效果

选择【堆叠显示窗口】命令，窗口即可以图 7-27 所示的方式排列。选择【并排显示窗口】命令，窗口即可以图 7-28 所示的方式排列。

计算机基础与实训教程系列

图 7-27　窗口堆叠效果

图 7-28　窗口并排效果

Windows 7 系统提供了多种方式来让用户快捷方便地切换预览多个窗口，切换预览窗口的几种方式如下。

▽ 使用 Alt+Tab 键预览窗口：当用户使用 Aero 主题时，在按下 Alt+Tab 键后，用户会发现切换面板中会显示当前打开的窗口的缩略图，并且除了当前选定的窗口外，其余的窗口都呈现透明状态。按住 Alt 键不放，再按 Tab 键或滚动鼠标滚轮就可以在现有窗口的缩略图之间切换，如图 7-29 所示。

图 7-29　窗口的缩略预览图

▽ 3D 切换效果：当用户按下 Win+Tab 键切换窗口时，可以看到 3D 立体切换效果。按住 Win 键不放，再按 Tab 键或滚动鼠标滚轮来切换各个窗口，如图 7-30 所示。

▽ 通过任务栏图标预览窗口：当用户将鼠标指针移至任务栏中某个程序的图标上时，在图标的上方会显示与程序相关的所有已打开窗口的缩略预览图，如图 7-30 所示，单击其中的某个缩略图，即可切换至相应的窗口。

图 7-30　3D 切换效果

图 7-31　通过任务栏图标预览窗口

7.2.4　对话框的组成

Windows 7 中的对话框多种多样，一般来说，对话框中的可操作元素主要包括命令按钮、选项卡、单选按钮、复选框、文本框、下拉列表框和数值框等，如图 7-32 所示，但并不是所有的对话框都包含以上所有元素。

图 7-32　对话框

对话框中各组成元素的作用如下。

▽ 选项卡：对话框内一般有多个选项卡，选择不同的选项卡可以切换到相应的设置页面。

▽ 单选按钮：单选按钮是一些互相排斥的选项，每次只能选择其中的一项，被选中的圆圈中将会有个黑点，如图 7-33 所示。

▽ 文本框：文本框主要用来接收用户输入的信息，以便正确完成对话框中的操作。如图 7-34 所示，【数值数据】选项下方的矩形白色区域即为文本框。

图 7-33　单选按钮

图 7-34　文本框

▽ 数值框：数值框用于输入或选中一个数值。它由文本框和微调按钮组成。在微调框中，单击上三角的微调按钮，可增加数值；单击下三角的微调按钮，可减少数值。也可以在文本框中直接输入需要的数值，如图 7-35 所示。

计算机基础与实训教程系列

▽ 复选框：复选框中列出的各个选项是不互相排斥的，用户可根据需要选择其中的一个或多个选项。当选中某个复选框时，框内出现一个"√"标记，一个选择框代表一个可以打开或关闭的选项。在空白选择框上单击便可选中它，再次单击这个选择框便可取消选择，如图 7-36 所示。

图 7-35　数值框

图 7-36　复选框

▽ 下拉列表框：下拉列表框是一个带有下拉按钮的文本框，用来从多个选项中选择一项，选中的选项将在下拉列表框内显示。当单击下拉列表框右边的下三角按钮时，将出现一个下拉列表供用户选择。

提示

移动和关闭对话框的操作和窗口的有关操作一样，不过对话框不能像窗口那样任意改变大小，在标题栏上也没有【最小化】【最大化】按钮，取而代之的是【帮助】按钮 ？ 。

7.3　设置计算机办公环境

使用 Windows 7 进行计算机办公时，用户可根据自己的习惯和喜好为系统打造个性化的办公环境，如设置桌面背景、设置日期和时间等。

7.3.1　设置桌面背景

桌面背景就是 Windows 7 系统桌面的背景图案，又叫做墙纸。用户可以根据自己的喜好更换桌面背景。

【例 7-3】　更换桌面背景。　视频

(1) 启动 Windows 7 系统后，右击桌面空白处，在弹出的快捷菜单中选择【个性化】命令，如图 7-37 所示。

(2) 打开【个性化】对话框，并单击【桌面背景】图标，如图 7-38 所示。

图 7-37　选择【个性化】命令　　　　　　图 7-38　单击【桌面背景】图标

(3) 打开【桌面背景】窗口，单击【浏览】按钮，选中一幅图片，单击【保存修改】按钮，如图 7-39 所示。

(4) 此时，操作系统的桌面背景效果如图 6-52 所示。

图 7-39　设置桌面背景　　　　　　　　　图 7-40　桌面背景效果

7.3.2　设置屏幕保护程序

屏幕保护程序是为了保护显示器而设计的一种专门的程序。屏幕保护程序是指在一定时间内，没有使用鼠标或键盘进行任何操作而在屏幕上显示的画面。设置屏幕保护程序可以对显示器起到保护作用，使显示器处于节能状态。

【例 7-4】　在 Windows 7 中，使用【气泡】作为屏幕保护程序。📹视频

(1) 在桌面空白处右击，在弹出的快捷菜单中，选择【个性化】命令，弹出【个性化】窗口，单击下方的【屏幕保护程序】选项。

(2) 打开【屏幕保护程序设置】对话框。在【屏幕保护程序】下拉菜单中选择【气泡】选项。在【等待】微调框中设置时间为 1 分钟，设置完成后，单击【确定】按钮，完成屏幕保护程序的设置，如图 7-41 所示。

(3) 当屏幕静止时间超过设定的等待时间时(鼠标和键盘均没有任何动作)，系统即可自动启动屏幕保护程序，如图 7-42 所示。

图 7-41　设置屏幕保护程序

图 7-42　屏幕保护效果

7.3.3　更改颜色和外观

在 Windows 7 操作系统中，用户可根据自己的喜好自定义窗口、【开始】菜单以及任务栏的颜色和外观。

【例 7-5】　为 Windows 7 操作系统的窗口设置个性化的颜色和外观。　📹视频

(1) 在桌面空白处右击，在弹出的快捷菜单中，选择【个性化】命令，弹出【个性化】窗口，单击【窗口颜色】图标，如图 7-43 所示。

(2) 打开【窗口颜色和外观】窗口，单击【高级外观设置】链接，如图 7-44 所示。

图 7-43　单击【窗口颜色】图标

图 7-44　【窗口颜色和外观】对话框

(3) 打开【窗口颜色和外观】对话框，在【项目】下拉菜单中选择【活动窗口标题栏】选项，如图 7-45 所示。

(4) 在【颜色 1】下拉菜单中选择【绿色】，在【颜色 2】下拉菜单中选择【紫色】，如图 7-46 所示。

(5) 选择完成后，在【窗口颜色和外观】对话框中，单击【确定】按钮，如图 7-47 所示。

计算机基础与实训教程系列

图 7-45　选择【活动窗口标题栏】　　　图 7-46　选择颜色　　　　　图 7-47　完成设置

提示

用户还可以在【颜色】下拉列表中单击【其他】按钮，在弹出的【颜色】对话框中自定义喜欢的颜色。

7.4　安装和卸载软件

使用计算机离不开软件的支持，操作系统和应用程序都属于软件。Windows 7 操作系统提供了一些用于文字处理、图片编辑、多媒体播放的程序组件，但是这些程序组件还无法满足实际应用的需求，所以在安装操作系统之后，用户会经常安装其他的软件或删除不适合的软件。

7.4.1　安装软件

用户首先要选择好适合自己需求且硬件允许安装的软件，然后再选择安装方式和步骤来安装软件。

1. 安装软件前的准备

安装软件前，首先要了解硬件能否支持软件，然后获取软件的安装文件和安装序列号，只有做足了准备工作，才能有针对性地安装用户所需的软件。

▽ 首先，用户需要检查硬件的配置，看看是否能够运行软件，一般软件尤其是大型软件，对硬件的配置要求是不尽相同的。除了硬件配置，操作系统的版本兼容性也要考虑到。

▽ 然后，用户需要获取软件的安装程序，用户可以通过两种方式来获取安装程序：第一种是从网上下载安装程序，第二种是购买安装光盘。

▽ 正版软件一般都有安装序列号，也叫注册码。安装软件时必须输入正确的安装序列号，才能够正常安装。安装序列号可通过以下途径找到：如果用户购买了安装光盘，软件的

安装序列号一般印刷在光盘的包装盒上；如果用户从网上下载软件，一般可通过网络注册或手机注册的方式来获得安装序列号。

2. 安装软件

经过准备之后，用户可以安装软件了，用户可以在安装目录下找到可执行文件【Setup】或【Install】，双击运行该文件，然后按照打开的安装向导，根据提示进行操作。

【例 7-6】安装暴风影音软件。📀视频

(1) 双击暴风影音的安装文件，启动安装向导，单击【自定义选项】下拉按钮，如图 7-48 所示。

(2) 展开自定义选项，单击【选择目录】按钮，如图 7-49 所示。

图 7-48　单击【自定义选项】下拉按钮

图 7-49　单击【选择目录】按钮

(3) 打开【浏览文件夹】对话框，选择要安装到的目录位置，单击【确定】按钮，如图 7-50 所示。

(4) 返回安装界面，单击【开始安装】按钮，如图 7-51 所示。

图 7-50　【浏览文件夹】对话框

图 7-51　单击【开始安装】按钮

(5) 开始进行安装，安装完毕后，可以单击【立即体验】按钮，如图 7-52 所示。

(6) 此时即可打开暴风影音的软件界面，如图 7-53 所示。

图 7-52　单击【立即体验】按钮

图 7-53　打开软件界面

7.4.2　运行软件

在 Windows 7 操作系统里，用户可以有多种方式来运行安装好的软件。这里以暴风影音为例，介绍软件的启动方式。

▽ 从【开始】菜单选择：单击【开始】按钮，打开【开始】菜单，选择【所有程序】选项，然后在所有程序列表中找到要打开的软件的快捷方式即可，例如选择暴风影音的启动程序，如图 7-54 所示。

▽ 双击桌面上的快捷方式图标：用鼠标双击桌面上暴风影音的快捷方式图标，即可打开暴风影音，如图 7-55 所示。

图 7-54　使用【开始】菜单运行软件

图 7-55　通过桌面图标运行软件

▽ 使用任务栏启动软件：如果要运行的软件在任务栏的快速启动区有快捷方式图标，单击快捷方式图标即可启动，如图 7-56 所示。

▽ 双击安装目录下的可执行文件：找到软件安装好的目录下的可执行文件，例如暴风影音的可执行文件为【Storm.exe】，双击即可运行暴风影音，如图 7-57 所示。

计算机基础与实训教程系列

图 7-56　通过任务栏启动软件　　　　　　　图 7-57　双击可执行文件以运行软件

7.4.3　卸载软件

如果用户不想再使用某个软件了，可以将其卸载。卸载软件时，用户可采用两种方法，一种是通过软件自身提供的卸载功能，另一种是通过控制面板来完成。

1. 使用软件自带的卸载功能

大部分软件都内置了卸载功能，一般都是以【uninstall.exe】为文件名的可执行文件。例如，用户需要卸载暴风影音软件，可以单击【开始】按钮，选择【所有程序】|【暴风软件】|【暴风影音 5】|【卸载暴风影音 5】命令，如图 7-58 所示。此时系统会弹出 7-59 所示的对话框，选中有关卸载的单选按钮，单击【继续】按钮即可开始卸载软件，以后按照卸载界面的提示一步一步执行下去，暴风影音软件将会从当前计算机里被删除。

图 7-58　使用【开始】菜单选择卸载命令　　　　　　图 7-59　开始卸载

2. 通过控制面板卸载

如果软件没有自带卸载功能，则可以通过控制面板中的【程序和功能】窗口来卸载软件。首先选择【开始】|【控制面板】命令，打开【控制面板】窗口后，在该窗口中单击【卸载程

序】链接，如图 7-60 所示。打开【卸载或更改程序】窗口，在程序列表中右击需要卸载的软件，在弹出的快捷菜单中选择【卸载/更改】命令即可进行卸载操作，如图 7-61 所示。

图 7-60　单击【卸载程序】链接

图 7-61　选择【卸载/更改】命令

7.5　压缩软件 WinRAR

在使用计算机的过程中，经常会碰到一些容量比较大的文件或是比较零碎的文件。这些文件放在计算机中会占据比较大的空间，也不利于计算机中文件的整理。此时，可以使用 WinRAR 将这些文件压缩，以便管理和查看。

7.5.1　浏览图片

WinRAR 是目前最流行的一款文件压缩软件，界面友好，使用方便，能够创建自释放文件，修复损坏的压缩文件，并支持加密功能。使用 WinRAR 压缩软件有两种方法：一种是通过 WinRAR 的主界面来压缩，另一种是直接使用右键快捷菜单来压缩。

1. 通过 WinRAR 的主界面来压缩

下面通过一个具体实例介绍如何通过 WinRAR 的主界面压缩文件。

【例 7-7】　使用 WinRAR 将多个文件压缩成一个文件。📀视频

(1) 选择【开始】|【所有程序】| WinRAR | WinRAR 命令。

(2) 弹出 WinRAR 程序的主界面。选择要压缩的文件夹的路径，然后在下面的列表中选中要压缩的多个文件，如图 7-62 所示。

(3) 单击工具栏中的【添加】按钮，打开【压缩文件名和参数】对话框。

(4) 在【压缩文件名】文本框中输入"我的收藏"，然后单击【确定】按钮，即可开始压缩文件，如图 7-63 所示。

计算机基础与实训教程系列

图 7-62　选择要压缩的文件夹的路径　　　　图 7-63　【压缩文件名和参数】对话框

在【压缩文件名和参数】对话框的【常规】选项卡中有【压缩文件名】【压缩文件格式】【压缩方式】【切分为分卷(V)，大小】【更新方式】【压缩选项】几个选项，它们的含义分别如下。

▽　【压缩文件名】：单击【浏览】按钮，可选择一个已经存在的压缩文件。此时，WinRAR会将新添加的文件压缩到这个已经存在的压缩文件中。另外，用户还可输入新的压缩文件名。

▽　【压缩文件格式】：选择 RAR 格式可得到较大的压缩率，选择 ZIP 格式可得到较快的压缩速度。

▽　【压缩方式】：选择【标准】选项即可。

▽　【切分为分卷(V)，大小】：当把一个较大的文件分成几部分来压缩时，可在这里指定每一部分文件的大小。

▽　【更新方式】：选择压缩文件的更新方式。

▽　【压缩选项】：可进行多项选择。例如，选择压缩完毕后是否删除源文件等。

2. 通过右键快捷菜单压缩文件

WinRAR 成功安装后，系统会自动在右键快捷菜单中添加压缩和解压缩文件的命令，以方便用户使用。

【例 7-8】　使用右键快捷菜单将多本电子书压缩为一个文件。　　　视频

(1) 打开要压缩的文件所在的文件夹。按 Ctrl+A 组合键选中这些文件，然后在选中的文件上右击，在弹出的快捷菜单中选择【添加到压缩文件】命令，如图 7-64 所示。

(2) 在打开的【压缩文件名和参数】对话框中输入"PDF 备份"，单击【确定】按钮，即可开始压缩文件，如图 7-65 所示。

图 7-64　右击需要压缩的文件	图 7-65　输入文件名并开始压缩

（3）文件压缩完成后，压缩文件和源文件默认存放在同一目录中。

7.5.2　解压文件

压缩文件必须解压才能查看。要解压文件，可采用以下几种方法。

1．通过 WinRAR 的主界面解压文件

首先启动 WinRAR，选择【开始】|【所有程序】| WinRAR | WinRAR 命令，在打开的界面中选择【文件】|【打开压缩文件】，如图 7-66 所示。在打开的对话框中选择要解压的文件，然后单击【打开】按钮，如图 7-67 所示。选定的压缩文件将会被解压，并将解压结果显示在 WinRAR 主界面的文件列表中。

图 7-66　选择【打开压缩文件】	图 7-67　选择要解压的文件

另外，通过 WinRAR 的主界面还可将压缩文件解压到指定的文件夹中。方法是单击【路径】文本框最右侧的按钮，选择压缩文件的路径，并在下面的列表中选中要解压的文件，然后单击【解压到】按钮，如图 7-68 所示。

打开【解压路径和选项】对话框，在【目标路径】下拉列表中设置解压的目标路径后，单击【确定】按钮，即可将压缩文件解压到指定的文件夹中，如图 7-69 所示。

计算机基础与实训教程系列

图 7-68　选中要解压的文件

图 7-69　完成设置

2. 使用右键快捷菜单解压文件

直接右击要解压的文件，在弹出的快捷菜单中有【解压文件】、【解压到当前文件夹】和【解压到】3 个相关命令可供选择。它们的具体功能分别如下。

▽ 选择【解压文件】命令，可打开【解压路径和选项】对话框。用户可对解压后文件的具体参数进行设置，如【目标路径】【更新方式】等。设置完成后，单击【确定】按钮，即可开始解压文件。

▽ 选择【解压到当前文件夹】命令，系统将按照默认设置，将压缩文件解压到当前的目录中，如图 7-70 所示。

▽ 选择【解压到】命令，可将压缩文件解压到当前的目录中，并将解压后的文件保存到和压缩文件同名的文件夹中。

3. 双击压缩文件，自动解压文件

直接双击压缩文件，可打开 WinRAR 的主界面，同时压缩文件会被自动解压，并将解压后的文件显示在 WinRAR 主界面的文件列表中，如图 7-71 所示。

图 7-70　选择【解压到当前文件夹】

图 7-71　显示解压后的文件

7.5.3　管理压缩文件

在创建压缩文件时，可能会遗漏所要压缩的文件或多选了无须压缩的文件。这时可以使用 WinRAR 管理压缩文件，无须重新进行压缩操作，只需要在原有已压缩好的文件里添加或删除即可。步骤如下：

（1）双击压缩文件，打开 WinRAR 的主界面，单击【添加】按钮。

（2）打开【请选择要添加的文件】对话框，选择所需添加到压缩文件中的电子书，然后单击【确定】按钮，打开【压缩文件名和参数】对话框，如图 7-72 所示。

（3）继续单击【确定】按钮，即可将文件添加到压缩文件中。

（4）如果要删除压缩文件中的文件，在 WinRAR 的主界面中选中要删除的文件，单击【删除】按钮即可删除，如图 7-73 所示。

图 7-72　选择需要添加的文件

图 7-73　删除压缩文件中的文件

7.6　图片浏览软件 ACDSee

要查看计算机中的图片，就要使用图片浏览软件。ACDSee 是一款非常好用的图片浏览软件，被广泛地应用于图像的获取、管理以及优化等方面。另外，使用 ACDSee 内置的图片编辑工具可以轻松处理各类图片。

7.6.1　浏览图片

ACDSee 软件提供了多种查看方式供用户浏览图片，用户在安装 ACDSee 软件后，双击桌面上的 ACDSee 软件图标，即可启动 ACDSee，如图 7-74 所示。

启动 ACDSee 后，在软件界面左侧的【文件夹】列表框中选择图片的存放位置，双击某张图片的缩略图，即可查看这张图片，如图 7-75 所示。

图 7-74　ACDSee 软件图标

图 7-75　查看图片

计算机基础与实训教程系列

7.6.2 编辑图片

使用 ACDSee 不仅能够浏览图片，还可对图片进行简单的编辑。步骤如下：

(1) 启动 ACDSee 后，双击打开需要编辑的图片。

(2) 单击图片查看窗口右上方的【编辑】按钮，打开图片编辑面板。单击 ACDSee 软件界面左侧的【曝光】选项，打开曝光参数设置面板，如图 7-76 所示。

(3) 此时，在【预设值】下拉列表框中，选择【加亮阴影】选项，然后拖动下方的【曝光】滑块、【对比度】滑块和【填充光线】滑块，可以调整图片曝光的相应参数值。

(4) 曝光参数设置完成后，单击【完成】按钮，如图 7-77 所示。

图 7-76 曝光参数设置面板

图 7-77 调整图片曝光的参数值

(5) 返回后，单击软件界面左侧工具箱中的【裁剪】按钮，如图 7-78 所示。

(6) 可打开【裁剪】面板，在软件界面的右侧，可拖动图片显示区域的 8 个控制点来选择图像的裁剪范围，如图 7-79 所示。

图 7-78 单击【裁剪】按钮

图 7-79 选择图像的裁剪范围

(7) 选择完成后，单击【完成】按钮，完成图像的裁剪，如图 7-80 所示。

(8) 图片编辑完成后，单击【保存】按钮，即可对图片进行保存，如图 7-81 所示。

图 7-80　完成图像的裁剪　　　　　　　　图 7-81　保存图片

7.6.3　批量重命名图片

如果用户需要一次性对大量的图片进行统一命名，可以使用 ACDSee 的批量重命名功能。

【例 7-9】　使用 ACDSee 对桌面上【我的图片】文件夹中的所有文件进行统一命名。 📹视频

(1) 启动 ACDSee，在软件界面左侧的【文件夹】列表框中依次展开【桌面】|【我的图片】选项，如图 7-82 所示。

(2) 此时，ACDSee 软件界面中间的文件区域将显示【我的图片】文件夹中的所有图片。按 Ctrl+A 组合键，选定【我的图片】文件夹中的所有图片，然后选择【工具】|【批量】|【重命名】命令，如图 7-83 所示。

图 7-82　展开选项　　　　　　　　　　　图 7-83　进行重命名

(3) 打开【批量重命名】对话框，选中【使用模板重命名文件】复选框，在【模版】文本框中输入"摄影###"。

(4) 选中【使用数字替换#】单选按钮，在【开始于】区域选中【固定值】单选按钮，在其后的微调框中设置数值为 1(此时，在对话框的【预览】列表框中将会显示重命名前后的图片名称)。设置完成后，单击【开始重命名】命令，系统开始批量重命名图片，如图 7-84 所示。

(5) 命名完成后，打开【正重命名文件】对话框，单击【完成】按钮，完成图片的批量重命

计算机基础与实训教程系列

名，如图 7-85 所示。

图 7-84　输入文件名　　　　　　　　　　　图 7-85　完成图片的批量重命名

7.6.4　转换图片格式

ACDSee 具有图片文件格式的相互转换功能，可以轻松地执行图片格式的转换操作。

【例 7-10】　使用 ACDSee 将【我的图片】文件夹中的图片转换为 BMP 格式。　视频

(1) 在 ACDSee 中按住 Ctrl 键选中需要转换格式的图片文件。选择【工具】|【批量】|【转换文件格式】命令。

(2) 打开【批量转换文件格式】对话框，在【格式】列表框中选择 BMP 格式，单击【下一步】按钮，如图 7-86 所示。

(3) 打开【设置输出选项】对话框，选中【将修改过的图像放入源文件夹】单选按钮，单击【下一步】按钮，如图 7-87 所示。

图 7-86　选择格式　　　　　　　　　　　　图 7-87　【设置输出选项】对话框

(4) 打开【设置多页选项】对话框，保持默认设置，单击【开始转换】按钮，如图 7-88 所示。

(5) 开始转换图片文件并显示进度，格式转换完成后，单击【完成】按钮即可，如图 7-89 所示。

图 7-88　保持默认设置　　　　　　　　　　　图 7-89　完成格式转换

7.7　影音播放软件暴风影音

暴风影音是北京暴风科技有限公司推出的一款视频播放器，该播放器兼容大多数的视频和音频格式。暴风影音是目前最为流行的影音播放软件，支持超过 500 种视频格式，使用领先的 MEE 播放引擎，使播放更加清晰流畅。

7.7.1　播放本地影片

暴风影音可以打开 RMVB、AVI、WMV、MPEG、MKV 等格式的视频文件。将暴风影音安装到计算机以后，启动软件，如图 7-90 所示，其中各组成部分的作用分别如下。

图 7-90　启动后的暴风影音

计算机基础与实训教程系列

▽ 播放界面：用于显示所播放视频的内容，在其上右击，在打开的快捷菜单中通过不同命令可实现文件的打开、播放的控制和界面尺寸的调整等。

▽ 播放工具栏：播放工具栏中集合了暴风影音的各种控制按钮，通过单击这些按钮可实现视频播放的控制、工具的启用、播放列表及暴风盒子的显示与隐藏等。

▽ 播放列表：播放列表由两个选项卡组成，其中"影视列表"选项卡中罗列了暴风影音整理的各种网络视频，"播放列表"选项卡中显示的则是当前正在播放和添加到该选项卡中准备播放的视频文件。

▽ 暴风盒子：位于最右侧，可专门在观看网络视频时使用，通过暴风盒子可以更加方便地查找和观看网络视频。

安装暴风影音后，系统中视频文件的默认打开方式一般会自动变更为使用暴风影音打开。此时直接双击视频文件，即可开始使用暴风影音进行播放。如果默认打开方式不是暴风影音，用户可将默认打开方式设置为暴风影音。

【例 7-11】将系统中视频文件的默认打开方式修改为使用暴风影音打开。 视频

(1) 右击视频文件，选择【打开方式】|【选择默认程序】命令，如图 7-91 所示。

(2) 打开【打开方式】对话框，在【推荐的程序】列表中选择【暴风影音 5】选项，然后选中【始终使用选择的程序打开这种文件】复选框，如图 7-92 所示。

图 7-91 选择【选择默认程序】命令

图 7-92 【打开方式】对话框

(3) 单击【确定】按钮，即可将视频文件的默认打开方式设置为使用暴风影音打开，此时视频文件的图标也会变成暴风影音的格式，如图 7-93 所示。

(4) 双击视频文件，即可使用暴风影音播放，如图 7-94 所示。

图 7-93 改变默认打开方式

图 7-94 播放本地视频

在使用暴风影音观看电影时,如果能熟记一些常用的快捷键操作,则可增添更多的视听乐趣。常用的快捷键如下。

▽ 全屏显示影片:按 Enter 键,可以全屏显示影片,再次按 Enter 键即可恢复原始大小。

▽ 暂停播放:按 Space(空格)键或单击影片,可以暂停播放。

▽ 快进:按右方向键→或者向右拖动播放控制条,可以快进。

▽ 快退:按左方向键←或向左拖动播放控制条,可以快退。

▽ 加速/减速播放:按 Ctrl+↑ 键或 Ctrl+↓ 键,可使影片加速/减速播放。

▽ 截图:按 F5 键,可以截取当前影片显示的画面。

▽ 升高音量:按向上方向键↑或者向前滚动鼠标滚轮,可以升高音量。

▽ 减小音量:按向下方向键↓或者向后滚动鼠标滚轮,可以减小音量。

▽ 静音:按 Ctrl+M 键可关闭声音。

7.7.2　播放网络影片

为了方便用户通过网络观看影片,暴风影音提供了在线影视的功能。使用该功能,用户可方便地通过网络观看自己想看的电影。

首先启动暴风影音播放器,默认情况下会自动在播放器右侧打开播放列表。切换至【影视列表】选项卡,在该列表中双击想要观看的影片,稍作缓冲后,即可开始播放,如图 7-95 所示。

图 7-95　播放网络影片

7.7.3　使用暴风盒子

暴风盒子是一种交互式播放平台,它不仅可以指导用户选择需要的视频文件,也允许用户进行实时评论。使用暴风盒子的几种常用操作分别如下。

▽ 使用类型导航:利用暴风盒子上方的类型导航栏,可以按视频类别选择所有需要观看的视频,包括电影、电视、动漫、综艺、教育、资讯、游戏、音乐和记录等多种类别可供选择。如单击【电影】超链接,便可根据需要继续在暴风盒子中进行筛选,包括按地区、按类别、按年代和按格式筛选等,从而方便、准确地搜索需要观看的视频。

计算机基础与实训教程系列

▽ 搜索影片：直接在暴风盒子上方的文本框中输入视频名称，单击右侧的【搜索】按钮可快速搜索相关视频，如图 7-96 所示。

▽ 查看并管理影片：找到需要观看的视频后，可将鼠标指针移至视频的缩略图上，并单击出现的【详情】超链接，此时将显示视频的相关内容，包括评分、演员和剧情介绍等。单击【播放】按钮即可播放视频，如图 7-97 所示，还可将视频添加到播放列表中。

图 7-96　搜索影片　　　　　　　图 7-97　　播放影片

7.8　办公软件 Office 2016

Microsoft Office 系列软件可以使计算机用户在办公领域更加得心应手。本节将主要介绍常用办公软件 Microsoft Office 2016 系列中的 Word 2016、Excel 2016、PowerPoint 2016 的一些基本操作方法和技巧。

7.8.1　了解 Word 2016

在使用 Word 2016 处理文档之前，需要熟悉 Word 2016 的一些基本功能。要使用 Word 2016，首先需要安装 Office 2016，用户可在软件专卖店或从 Microsoft 公司官方网站购买正版软件，通过安装光盘中的注册码即可成功安装 Office 常用组件。完成 Office 2016 的安装后，就可以启动 Word 2016 进行相关操作。

1. Word 2016 的工作界面

启动 Word 2016 后，用户可看到工作界面，主要由快速访问工具栏、标题栏、功能区、文档编辑区、状态栏、垂直和水平标尺等组成，如图 7-98 所示。

图 7-98　Word 2016 的工作界面

在 Word 2016 的工作界面中，各部分的功能如下。

▽ 快速访问工具栏：快速访问工具栏中包含最常用操作的快捷按钮，方便用户使用。默认状态下，快速访问工具栏中包含 3 个快捷按钮，分别为【保存】按钮、【撤消】按钮和【恢复】按钮，以及旁边的下拉按钮，如图 7-99 所示。

▽ 标题栏：标题栏位于工作界面的顶端，用于显示当前正在运行的程序名及文件名等信息。标题栏的最右端有 3 个按钮，分别用来控制窗口的最小化、最大化和关闭，此外还有【功能区显示选项】按钮，单击可以选择显示或隐藏功能区。在这 3 个按钮的下方有【告诉我…】搜索框，以及用来登录 Microsoft 账号和共享文件的按钮，如图 7-100 所示。

图 7-99　快速访问工具栏

图 7-100　标题栏中的按钮

▽ 功能区：在 Word 2016 中，功能区是完成文本格式操作的主要区域。默认状态下，功能区主要包含【开始】【插入】【设计】【布局】【引用】【邮件】【审阅】【视图】【开发工具】【加载项】10 个基本选项卡。

▽ 文档编辑区：文档编辑区就是输入文本、添加图形和图像以及编辑文档的区域，用户对文本进行的操作结果都将显示在这个区域。

▽ 状态栏：状态栏位于工作界面的底部，显示了当前文档的信息，如当前显示的文档是第几页、第几节和当前文档的字数等。在状态栏中还可以显示一些特定命令的工作状态。

计算机基础与实训教程系列

状态栏的中间有视图按钮，用于切换文档的视图模式。另外，通过拖动右侧的【显示比例】滑块，可以直观地改变文档编辑区的大小。

▽ 垂直和水平标尺：主要用来显示和定位文本的位置。

2. 创建 Word 文档

要创建 Word 文档，可以单击【文件】按钮，从弹出的菜单中选择【新建】选项，打开【新建】选项区域，然后在该选项区域单击【空白文档】选项即可创建一个空白的 Word 文档，如图 7-101 所示。

图 7-101　新建空白的 Word 文档

模板是 Word 预先设置好内容格式的文档。Word 2016 为用户提供了多种具有统一规格、统一框架的文档模板，如传真、信函和简历等。首先单击【文件】按钮，从弹出的菜单中选择【新建】选项，在模板列表中单击一个模板，即可使用这个模板创建文档，如图 7-102 所示。

图 7-102　使用模板创建文档

3. 输入文本

输入文本是使用 Word 的基本操作。文档中的插入点指示了文字的输入位置，每输入一个文字，插入点会自动向后移动。在文档中除了可以输入汉字、数字、字母外，还可以插入一些特殊的符号，也可以在文档中插入日期和时间。

一般情况下，系统会自带一些基本的输入法，如微软拼音、智能 ABC 等。用户也可以添加和安装其他输入法，这些中文输入法都是比较通用的。

计算机基础与实训教程系列

选择中文输入法也可以通过单击任务栏上的输入法指示图标来完成，这种方法比较直接。在 Windows 桌面的任务栏中，单击代表输入法的图标，在弹出的输入法列表中选择要使用的输入法即可。当前使用的输入法名称前面将显示"√"标记，如图 7-103 所示。选择一种中文输入法后，即可从插入点处开始输入中文文本，如图 7-104 所示。

图 7-103 选择中文输入法

图 7-104 输入中文文本

打开【插入】选项卡，单击【符号】组中的【符号】下拉按钮，选择【其他符号】命令，将打开【符号】对话框，选择要插入的符号，单击【插入】按钮，即可插入符号，如图 7-105 所示。

要插入特殊符号，可以打开【加载项】选项卡，在【菜单命令】组中单击【特殊符号】按钮，打开【插入特殊符号】对话框，在该对话框中选择相应的符号后，单击【确定】按钮即可，如图 7-106 所示。

图 7-105 【符号】对话框

图 7-106 【插入特殊符号】对话框

7.8.2 了解 Excel 2016

Excel 2016 是 Office 软件系列中的电子表格处理软件，它拥有良好的界面、强大的数据计算功能，Excel 2016 被广泛地应用于办公自动化领域。

1. Excel 2016 的工作界面

启动 Excel 2016 后，就可以看到 Excel 2016 的工作界面了，如图 7-107 所示。
Excel 2016 的工作界面和 Word 2016 类似，其中相似的元素在此不再重复介绍，仅介绍一下

Excel 特有的编辑栏、工作表编辑区、行号、列标和工作表标签等元素。

▽ 编辑栏：编辑栏中主要显示的是当前单元格中的数据，可在编辑框中对数据直接进行编辑。其中的单元格名称框显示当前单元格的名称；【插入函数】按钮在默认状态下只有按钮 *fx*，当在单元格中输入数据时会自动出现另外两个按钮 ✕ 和 ✓，单击 *fx* 按钮可在打开的【插入函数】对话框中选择要在当前单元格中插入的函数；编辑框用来显示或编辑当前单元格中的内容，有公式和函数时则显示公式和函数，如图 7-108 所示。

▽ 工作表编辑区：相当于 Word 的文档编辑区，是 Excel 的工作平台和编辑表格的重要场所，位于工作界面的中间位置。

图 7-107　Excel 2016 的工作界面

图 7-108　编辑栏

▽ 行号和列标：它们是确定单元格位置的重要依据，也是显示工作状态的一种导航工具。其中，行号由阿拉伯数字组成，列标由大写的英文字母组成。单元格的命名规则是：列标号＋行号。例如，第 C 列的第 3 行可称为 C3 单元格，如图 7-109 所示。

▽ 工作表标签：在一个工作簿中可以有多个工作表，工作表标签表示的是每个对应工作表的名称，如图 7-110 所示。

图 7-109　单元格的命名

图 7-110　工作表标签

2. Excel 的基本对象

Excel 2016 的基本对象包括工作簿、工作表与单元格，它们是构成 Excel 2016 的支架。工作簿是 Excel 用来处理和存储数据的文件。新建的 Excel 文件就是一个工作簿，它可以由一个或多个工作表组成，用户可以通过单击 ⊕ 按钮创建工作表，如图 7-111 所示。

单元格是工作表中的最基本单位，对数据的操作都是在单元格中完成的。单元格区域是一组被选中的相邻或分离的单元格。单元格区域被选中后，所选范围内的单元格都会高亮显示，取消选中状态后又恢复原样。图 7-112 所示为 B2:D6 单元格区域。

图 7-111　新建工作表

图 7-112　单元格区域

3. 新建工作簿

可以直接创建空白工作簿，也可以根据模板来创建带有样式的工作簿。启动 Excel 2016 后，单击【文件】按钮，在打开的弹出菜单中选择【新建】选项，然后选择右侧列表中的【空白工作簿】选项，即可创建一个空白工作簿，如图 7-113 所示。

用户还可以通过软件自带的模板创建带有样式的工作簿，从而大幅提高工作效率。例如，通过 Internet 自动搜索与文本"预算"相关的模板，将搜索结果显示在【新建】选项区域中。此时可以在模板的搜索结果列表中选择一个模板，联网下载后即可基于该模块创建新的工作簿，如图 7-114 所示。

图 7-113　新建空白工作簿

图 7-114　搜索并下载模板

4. 输入数据

在工作表中输入和编辑数据是用户使用 Excel 时最基础的操作之一。工作表中的数据都保存在单元格内，在单元格内可以输入和保存数据，包括数值、日期、文本和公式 4 种基本类型。除此以外，还有逻辑值、错误值等一些特殊的数值类型。

要在单元格内输入数值和文本类型的数据，用户可以在选中目标单元格后，直接向单元格内输入数据。数据输入结束后按下 Enter 键或者使用鼠标单击其他单元格都可以确认完成输入。要在输入过程中取消本次输入的内容，可以按下 Esc 键退出输入状态。

当用户输入数据的时候，底部状态栏的左侧会显示"输入"字样，如图 7-115 所示。

原有编辑栏的左边出现两个新的按钮，分别是 ✕ 和 ✓。如果用户单击 ✓ 按钮，可以对当前输入的内容进行确认；如果单击 ✕ 按钮，则表示取消输入，如图 7-116 所示。

计算机基础与实训教程系列

图 7-115　显示"输入"字样

图 7-116　出现的按钮

对于已经存放数据的单元格，用户可以在激活目标单元格后，重新输入新的内容来替换原有数据。但是，如果用户只想对其中的部分内容进行修改，则可以激活单元格进入编辑模式。有以下几种方式可以进入单元格编辑模式。

▽ 双击单元格，在单元格中的原有内容后会出现竖线光标，提示当前进入编辑模式，光标所在的位置为数据插入位置。在内容中的不同位置单击鼠标或者右击鼠标，可以移动插入点的位置。用户可以在单元格中直接对内容进行编辑。

▽ 激活目标单元格后按下 F2 键，进入单元格编辑模式。

▽ 激活目标单元格，然后单击 Excel 编辑栏内部。这样可以将竖线光标定位在编辑栏中，激活编辑栏的编辑模式。用户可以在编辑栏中对单元格原有的内容进行修改。如果数据内容较多，特别是在对公式进行修改时，建议用户激活编辑栏的编辑模式。

7.8.3　了解 PowerPoint 2016

使用 PowerPoint 2016 制作的演示文稿可以通过不同的方式播放：既可以打印成幻灯片，使用投影仪播放；也可以在文稿中加入各种引人入胜的视听效果，直接在计算机或互联网上播放。

1. PowerPoint 2016 的工作界面

PowerPoint 2016 的工作界面主要由标题栏、功能区、预览窗格、幻灯片编辑窗口、备注栏、状态栏、快捷按钮和显示比例滑块等元素组成，如图 7-117 所示。

▽ 预览窗格：预览窗格中显示了幻灯片的缩略图，单击某个缩略图可在幻灯片编辑窗口中查看和编辑对应的幻灯片，如图 7-118 所示。

▽ 备注栏：在备注栏中可分别为每张幻灯片添加备注文本。

▽ 快捷按钮和显示比例滑块：快捷按钮有 6 个，其中 4 个是视图按钮，可快速切换视图模式；比例按钮可快速设置幻灯片的显示比例；最右边的按钮可使幻灯片以合适比例显示在幻灯片编辑窗口中；另外，通过拖动显示比例滑块，可以直观地改变文档编辑区的大小。

图 7-117　PowerPoint 2016 的工作界面　　　　　　　图 7-118　单击缩略图

2. 新建演示文稿

在 PowerPoint 中，用户可以创建各种多媒体演示文稿。演示文稿中的每一页称为幻灯片，每张幻灯片都是演示文稿中既相互独立又相互关联的内容。可以创建空白演示文稿，也可以基于模板创建演示文稿。

▽ 单击【文件】按钮，在弹出的菜单中选择【新建】选项，在右侧的列表中选择【空白演示文稿】选项来创建空白演示文稿，如图 7-119 所示。

▽ 单击【文件】按钮，在弹出的菜单中选择【新建】选项，在右侧的列表中搜索模板或者选择自带的模板，联网下载后即可基于模板创建演示文稿，如图 7-120 所示。

图 7-119　新建空白演示文稿　　　　　　　　　　　图 7-120　下载模板

3. 插入幻灯片

演示文稿由幻灯片组成，要在演示文稿中插入幻灯片，可以通过【幻灯片】组插入，也可以通过右击插入，还可以通过键盘操作插入。下面将分别介绍这几种插入幻灯片的方法。

▽ 通过【幻灯片】组插入：选择【开始】选项卡，在【幻灯片】组中单击【新建幻灯片】下拉按钮，在弹出的下拉列表中选择一种版式，即可作为当前幻灯片插入演示文稿。

▽ 通过右击插入：在幻灯片的预览窗格中，选择一张幻灯片，右击该幻灯片，从弹出的快捷菜单中选择【新建幻灯片】命令，即可在选择的幻灯片之后插入一张新的幻灯片。

▽ 通过键盘操作插入：在幻灯片的预览窗格中，选择一张幻灯片，然后按 Enter 键，或按 Ctrl+M 组合键，即可快速插入一张与选中幻灯片具有相同版式的幻灯片。

4. 添加文本

在 PowerPoint 2016 中，不能直接在幻灯片中输入文字，只能通过占位符或文本框来添加文本。

大多数幻灯片的版式中都提供了文本占位符，这种占位符中预设了文字的属性和样式，供用户添加标题文字、项目文字等。占位符文本的输入主要在普通视图中进行，如图 7-121 所示，选中占位符后即可输入文本。

使用文本框，可以在幻灯片中放置多个文字块，可以使文字按照不同的方向排列；也可以打破幻灯片版式的制约，在幻灯片中的任意位置添加文字信息。

图 7-121　输入文本

5. PowerPoint 视图模式

PowerPoint 2016 提供了普通视图、幻灯片浏览视图、备注页视图、幻灯片放映视图和阅读视图 5 种视图模式。

▽ 普通视图：普通视图又可以分为两种形式，主要区别在于 PowerPoint 工作界面最左边的预览窗格，它能够以幻灯片和大纲两种形式来显示。用户可以通过在【视图】选项卡的【演示文稿视图】选项组中单击【大纲视图】按钮，进行视图切换，显示大纲视图。

▽ 幻灯片浏览视图：使用幻灯片浏览视图，可以在屏幕上同时看到演示文稿中的所有幻灯片，这些幻灯片以缩略图显示在同一窗口中，如图 7-122 所示。

▽ 备注页视图：在备注页视图中，用户可以方便地添加和更改备注信息，也可以添加图形等信息，如图 7-123 所示。

图 7-122　幻灯片浏览视图

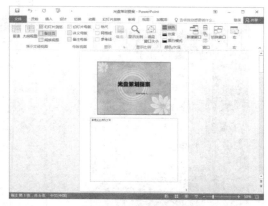

图 7-123　备注页视图

▽　幻灯片放映视图：幻灯片放映视图是演示文稿的最终效果。在幻灯片放映视图中，用户可以看到幻灯片的最终效果，如图 7-124 所示。

▽　阅读视图：如果用户希望在设有简单控件的审阅窗口中查看演示文稿，而不想使用全屏的幻灯片放映视图，那么可以使用阅读视图，如图 7-125 所示。

图 7-124　　幻灯片放映视图

图 7-125　　阅读视图

7.9　实例演练

本章的实例演练主要练习自定义通知区域中图标的显示方式，使用户进一步掌握本章内容。

【例 7-12】 自定义通知区域中图标的显示方式。 视频

(1) 单击通知区域的【显示隐藏的图标】按钮 ，弹出通知区域面板，选择【自定义】选项，如图 7-126 所示。

(2) 打开【通知区域图标】窗口，在 QQ 图标后方的下拉菜单中选择【显示图标和通知】选项，单击【确定】按钮，如图 7-127 所示。

计算机基础与实训教程系列

图 7-126　选择【自定义】选项　　　　　　图 7-127　选择【显示图标和通知】选项

（3）设置完成后，通知区域中将重新显示 QQ 图标，如图 7-128 所示。

（4）若想重新隐藏 QQ 图标，直接将 QQ 图标拖动至小面板中即可，如图 7-129 所示。

图 7-128　显示 QQ 图标　　　　　　图 7-129　隐藏 QQ 图标

7.10　习题

1. 如何设置 Windows 7 的屏幕保护程序？

2. 如何安装和卸载软件？

3. 熟悉办公软件 Office 2016 中主要组件的基本用法。

第8章

计算机的优化设置

在日常使用计算机的过程中，为了提高计算机的性能，使计算机时刻处于最佳工作状态，用户可以对操作系统的默认设置进行优化，还可以使用各种优化软件对计算机进行智能优化，使用户的计算机硬件和软件运行得更好。

本章重点

- 优化操作系统
- 使用系统优化软件
- 优化磁盘
- 关闭不需要的系统程序

二维码教学视频

8.1 优化 Windows 系统

一般安装 Windows 7 操作系统时采用的都是默认设置，但是默认设置无法充分发挥计算机的性能。此时，对系统进行一定的优化设置，能够有效地提升计算机性能。

8.1.1 设置虚拟内存

系统在运行时会先将所需的指令和数据从外部存储器调入内存，CPU 再从内存中读取指令或数据进行运算，并将运算结果存储在内存中。在整个过程中内存主要起着中转和传递的作用。

当用户为了运行程序需要大量数据、占用大量内存时，物理内存就有可能会被"塞满"，此时系统会将那些暂时不用的数据放到硬盘中，而这些数据所占的空间就是虚拟内存。简单地说，虚拟内存的作用就是当物理内存被占用完时，计算机会自动调用硬盘来充当内存，以缓解物理内存的不足。

Windows 操作系统通过采用虚拟内存机制来扩充系统内存，调整虚拟内存可以有效地提高大型程序的执行效率。

【例 8-1】 在 Windows 7 操作系统中设置虚拟内存。 🎬视频

(1) 在桌面上右击【计算机】图标，在打开的快捷菜单中，选择【属性】命令，如图 8-1 所示。

(2) 在打开的【系统】窗口中，单击左侧的【高级系统设置】链接，如图 8-2 所示。

图 8-1　选择【属性】命令　　　　　　　　图 8-2　【系统】窗口

(3) 打开【系统属性】对话框，选择【高级】选项卡，在【性能】区域中单击【设置】按钮，如图 8-3 所示。

(4) 打开【性能选项】对话框，选择【高级】选项卡，在【虚拟内存】区域中单击【更改】按钮，如图 8-4 所示。

图 8-3 【系统属性】对话框

图 8-4 【性能选项】对话框

(5) 打开【虚拟内存】对话框，取消选中【自动管理所有驱动器的分页文件大小】复选框。在【驱动器】列表中选中 C 盘，选中【自定义大小】单选按钮，在【初始大小】文本框中输入 2000，在【最大值】文本框中输入 6000，单击【设置】按钮，如图 8-5 所示。

(6) 完成分页文件大小的设置，然后单击【确定】按钮，如图 8-6 所示。

图 8-5 【虚拟内存】对话框

图 8-6 完成分页文件大小的设置

(7) 打开【系统属性】提示框，提示用户需要重新启动计算机才能使设置生效，单击【确定】按钮，如图 8-7 所示。

(8) 关闭所有的上级对话框后，打开【必须重新启动计算机才能应用这些更改】提示框，单击【立即重新启动】按钮，重新启动计算机后即可使设置生效，如图 8-8 所示。

计算机基础与实训教程系列

图 8-7　【系统属性】提示框

图 8-8　重启计算机

8.1.2　设置开机启动项

有些软件在安装后，会将自己的启动程序加入开机启动项，从而随着系统的启动而自动运行。这无疑会占用系统的资源，并影响到系统的启动速度。可以通过设置将不需要的开机启动项禁止。

【例 8-2】　禁止不需要的开机启动项。

(1) 按 Win+R 组合键，打开【运行】对话框，在【打开】文本框中输入 msconfig 命令，单击【确认】按钮，如图 8-9 所示。

(2) 打开【系统配置】对话框，选择【服务】选项卡，取消选中不需要开机启动的服务前方的复选框，如图 8-10 所示。

图 8-9　【运行】对话框

图 8-10　取消选中不需要开机启动的服务

(3) 切换至【启动】选项卡，取消选中不需要开机启动的应用程序前方的复选框，单击【确定】按钮，如图 8-11 所示。

(4) 打开【系统配置】提示框，单击【重新启动】按钮，重新启动计算机后，完成设置，如图 8-12 所示。

图 8-11　【启动】选项卡

图 8-12　重新启动计算机

8.1.3　设置系统选择时间

在计算机中安装多个操作系统后，在启动时会显示操作系统的列表，系统默认等待时间是30 秒，可以根据需要对选择时间进行调整。

【例 8-3】 将选择操作系统时的默认等待时间设置为 5 秒。　视频

(1) 在桌面上右击【计算机】图标，在打开的快捷菜单中选择【属性】命令，如图 8-13 所示。在打开的【系统】窗口中，单击左侧的【高级系统设置】链接，如图 8-14 所示。

图 8-13　打开的快捷菜单

图 8-14　【系统】窗口

(2) 打开【系统属性】对话框，选择【高级】选项卡，在【启动和故障恢复】区域中单击【设置】按钮，如图 8-15 所示。

(3) 打开【启动和故障恢复】对话框，在【显示操作系统列表的时间】微调框中设置时间为5 秒，单击【确定】按钮，如图 8-16 所示。

图 8-15　【高级】选项卡

图 8-16　【启动和故障恢复】对话框

8.1.4　清理卸载或更改的程序

卸载某个程序后，该程序可能依然会保留在【卸载或更改程序】对话框中的程序列表中，用户可以通过修改注册表将其删除，从而实现对计算机的优化。

计算机基础与实训教程系列

【例 8-4】　在注册表中，清理【卸载或更改程序】对话框中的程序列表。🎬视频

（1）按 Win+R 组合键，打开【运行】对话框，在【打开】文本框中输入 regedit 命令，单击【确认】按钮。

（2）打开【注册表编辑器】对话框，在左侧的注册表列表框中，依次展开 HKEY_LOCAL_MACHINE | SOFTWARE | Microsoft | Windows | CurrentVersion | Uninstall 选项，如图 8-17 所示。

（3）在 Uninstall 节点下，用户可查看已删除程序的残留信息，然后删除即可，如图 8-18 所示。

图 8-17　【注册表编辑器】对话框

图 8-18　删除已删除程序的残留信息

8.2　关闭不需要的系统功能

Windows 7 系统在安装后，会自动开启许多功能。这些功能在一定程度上会占用系统的资源，如果不需要使用这些功能，可以将其关闭以节省系统资源，优化系统。

8.2.1　关闭自动更新重启提示

在计算机使用过程中如果遇到系统自动更新，完成自动更新后，系统会提示重启计算机。但是在工作中重启计算机很不方便，只能不停地推迟，很麻烦。可以通过设置关闭更新重启提示。

【例 8-5】　关闭自动更新重启提示。🎬视频

（1）按 Win+R 组合键，打开【运行】对话框，输入 gpedit.msc 命令，单击【确定】按钮，如图 8-19 所示。

（2）打开【本地组策略编辑器】对话框，依次展开【计算机配置】|【管理模板】|【Windows 组件】选项，双击右侧的 Windows Update 选项，如图 8-20 所示。

图 8-19　【运行】对话框

图 8-20　【本地组策略编辑器】对话框

（3）打开 Windows Update 窗口，双击【对于有已登录用户的计算机，计划的自动更新安装不执行重新启动】选项，如图 8-21 所示。

（4）打开【对于有已登录用户的计算机，计划的自动更新安装不执行重新启动】对话框，选中【已启用】单选按钮，单击【确定】按钮，如图 8-22 所示。

图 8-21　Windows Update 窗口　　　　　　　　图 8-22　完成设置

8.2.2　禁止保存搜索记录

Windows 7 搜索的历史记录会自动保存在下拉列表框中，用户可通过组策略禁止保存搜索记录以提高系统速度。

【例 8-6】　禁止保存搜索记录。 视频

（1）按 Win+R 组合键，打开【运行】对话框，输入 gpedit.msc 命令，单击【确定】按钮。

（2）打开【本地组策略编辑器】对话框，依次展开【用户配置】|【管理模板】|【Windows 组件】|【Windows 资源管理器】选项，在右侧的列表中双击【在 Windows 资源管理器搜索框中关闭最近搜索条目的显示】选项，如图 8-23 所示。

（3）在打开的【在 Windows 资源管理器搜索框中关闭最近搜索条目的显示】对话框中，选中【已启用】单选按钮，然后单击【确定】按钮，如图 8-24 所示。

图 8-23　【本地组策略编辑器】对话框　　　　　图 8-24　完成设置

8.2.3　关闭自带刻录功能

Windows 7 中集成了刻录功能，不过没有专业刻录软件那样强大，如果用户想使用第三方软

件来刻录光盘，可以禁用 Windows 7 的自带刻录功能。

【例 8-7】 关闭 Windows 7 系统自带的刻录功能。 视频

(1) 按 Win+R 组合键，打开【运行】对话框，输入 gpedit.msc 命令，单击【确定】按钮。

(2) 打开【本地组策略编辑器】对话框，依次展开【用户配置】|【管理模板】|【Windows 组件】|【Windows 资源管理器】选项，在右侧的列表中双击【删除 CD 刻录功能】选项，如图 8-25 所示。

(3) 打开【删除 CD 刻录功能】对话框，选中【已启用】单选按钮，然后单击【确定】按钮，完成设置，如图 8-26 所示。

图 8-25 【本地组策略编辑器】对话框

图 8-26 完成设置

8.2.4 禁用错误发送报告提示

Windows 7 系统在运行时如果出现异常，会打开错误报告对话框，询问是否将错误提交给微软官方网站，用户可以通过组策略禁用错误发送报告提示，以提高系统速度。

【例 8-8】 禁用错误发送报告提示。 视频

(1) 按 Win+R 组合键，打开【运行】对话框，输入 gpedit.msc 命令，单击【确定】按钮。

(2) 打开【本地组策略编辑器】对话框，依次展开【计算机配置】|【管理模板】|【系统】|【Internet 通信管理】|【Internet 通信设置】选项，在右侧的列表中双击【关闭 Windows 错误报告】选项，如图 8-27 所示。

(3) 打开【关闭 Windows 错误报告】对话框，选中【已启用】单选按钮，然后单击【确定】按钮，完成设置，如图 8-28 所示。

图 8-27 【本地组策略编辑器】对话框

图 8-28 完成设置

8.3 优化磁盘

计算机的磁盘是使用最频繁的硬件之一，磁盘的外部传输速度和内部读写速度决定了硬盘的读写性，优化磁盘速度和清理磁盘可以在很大程度上延长计算机的使用寿命。

8.3.1 磁盘清理

由于各种应用程序的安装与卸载以及软件运行，系统会产生一些垃圾文件，这些文件会直接影响计算机的性能。磁盘清理程序是系统自带的用于清理磁盘冗余内容的工具。

【例 8-9】 清理 D 盘中的冗余文件。 📹 视频

(1) 选择【开始】|【所有程序】|【附件】|【系统工具】|【磁盘清理】选项，如图 8-29 所示。

(2) 打开【磁盘清理：驱动器选择】对话框，在【驱动器】下拉列表中选择 D 盘，单击【确定】按钮，如图 8-30 所示。

图 8-29　选择【磁盘清理】选项

图 8-30　【磁盘清理：驱动器选择】对话框

(3) 打开【磁盘清理】对话框，系统开始分析 D 盘中的冗余内容，如图 8-31 所示。

(4) 分析完成后，在【(D:)的磁盘清理】对话框中将显示分析后的结果。选中与所要删除的内容对应的复选框，然后单击【确定】按钮，如图 8-32 所示。

图 8-31　开始分析 D 盘中的冗余内容

图 8-32　【(D:)的磁盘清理】对话框

(5) 打开【磁盘清理】提示框，单击【删除文件】按钮，如图 8-33 所示。

(6) 此时，系统自动开始进行磁盘清理，如图 8-34 所示。

图 8-33　【磁盘清理】提示框　　　　　　　　　　图 8-34　进行磁盘清理

8.3.2　磁盘碎片整理

在使用计算机的过程中不免会有很多文件操作，操作时会产生很多磁盘碎片。例如，在进行创建、删除文件或者安装、卸载软件等操作时，会在硬盘内部产生很多磁盘碎片。碎片的存在会影响系统往硬盘写入或读取数据的速度，而且由于写入和读取数据不在连续的磁道上，也会加快磁头和盘片的磨损速度，定期清理磁盘碎片，对保护硬盘有很大的实际意义。

【例 8-10】　整理磁盘碎片。　视频

(1) 选择【开始】|【所有程序】|【附件】|【系统工具】|【磁盘碎片整理程序】选项。

(2) 打开【磁盘碎片整理程序】对话框，选中要整理碎片的磁盘后，单击【分析磁盘】按钮，如图 8-35 所示。系统开始对磁盘进行分析，分析完成后，系统将显示磁盘碎片的比例。

(3) 此时，单击【磁盘碎片整理】按钮，即可开始磁盘碎片整理操作。磁盘碎片整理完成后，将显示磁盘碎片整理结果，如图 8-36 所示。

图 8-35　【磁盘碎片整理程序】对话框　　　　　　图 8-36　完成磁盘碎片整理

8.3.3　优化磁盘内部读写速度

通过优化计算机硬盘的外部传输速度和内部读写速度，能有效地提升硬盘读写性能。

硬盘的内部读写速度是指从盘片上读取数据，然后存储在缓存中的速度，是评价硬盘整体性能的决定性因素。

【例 8-11】　优化硬盘内部读写速度。 视频

(1) 在桌面上，右击【计算机】图标，在打开的快捷菜单中，选择【属性】命令，如图 8-37 所示。

(2) 打开【系统】窗口，单击【设备管理器】链接，如图 8-38 所示。

图 8-37　右键快捷菜单

图 8-38　【系统】窗口

(3) 打开【设备管理器】对话框，在【磁盘驱动器】选项下展开当前硬盘选项，再右击，在打开的快捷菜单中选择【属性】命令，如图 8-39 所示。

(4) 打开磁盘的属性对话框，选择【策略】选项卡，选中【启用设备上的写入缓存】复选框，然后单击【确定】按钮，完成设置，如图 8-40 所示。

图 8-39　【设备管理器】对话框

图 8-40　磁盘的属性对话框

8.3.4　优化硬盘外部传输速度

硬盘的外部传输速度是指硬盘的接口速度。通过修改设置，可以优化数据传输速度。

计算机基础与实训教程系列

【例 8-12】 优化硬盘外部传输速度。 视频

(1) 在桌面上，右击【计算机】图标，在打开的快捷菜单中，选择【属性】命令。

(2) 打开【系统】窗口，单击【设备管理器】链接。

(3) 打开【设备管理器】对话框，在【磁盘驱动器】选项下展开当前硬盘选项，再右击，在打开的快捷菜单中选择【属性】命令，如图 8-41 所示。

(4) 打开磁盘的属性对话框，选择【高级设置】选项卡，选中【启用 DMA】复选框，然后单击【确定】按钮，完成设置，如图 8-42 所示。

图 8-41 【设备管理器】对话框

图 8-42 完成设置

8.4 优化系统文档

随着计算机使用时间的增加，系统分区中的文件也将会逐渐增多。因此，计算机在使用过程中会产生一些临时文件(如 IE 临时文件等)、垃圾文件以及用户存储的文件等。这些文件的增多将会导致系统分区的可用空间变小，影响系统的性能。此时，应对系统分区进行"减负"。

8.4.1 更改【我的文档】路径

默认情况下，系统中【我的文档】文件夹的存放路径是 C:|Users|Administrator|Documents。对于习惯使用【我的文档】进行存储资料的用户，【我的文档】文件夹必然会占据大量的磁盘空间。其实可以修改【我的文档】文件夹的默认路径，将其转移到非系统分区中。

【例 8-13】 更改【我的文档】路径。 视频

(1) 打开 Administrator 所在路径的文件夹，右击【我的文档】文件夹，在打开的快捷菜单中，选择【属性】命令，如图 8-43 所示。

(2) 打开【我的文档 属性】对话框，切换至【位置】选项卡，单击【移动】按钮，如图 8-44 所示。

图 8-43 选择【属性】命令

图 8-44 【我的文档 属性】对话框

(3) 打开【选择一个目标】对话框，为【我的文档】文件夹选择一个新的位置，选择【E:\我的文档】文件夹，单击【选择文件夹】按钮，如图 8-45 所示。

(4) 返回至【我的文档 属性】对话框，再次单击【确定】按钮，打开【移动文件夹】提示框，提示用户是否将原先【我的文档】中的所有文件移动到新的文件夹中，直接单击【是】按钮，如图 8-46 所示。

图 8-45 【选择一个目标】对话框

图 8-46 【移动文件夹】对话框

(5) 系统开始移动文件，移动完成后，即可完成对【我的文档】文件夹路径的修改。

8.4.2 转移 IE 临时文件夹

默认情况下，IE 临时文件夹也存放在 C 盘中，为了保证系统分区有足够的空闲容量，可以将 IE 临时文件夹也转移到其他分区中，下面通过实例说明如何转移 IE 临时文件夹。

【例 8-14】 修改 IE 临时文件夹的路径。 视频

(1) 双击启动 IE 8.0 浏览器，单击【工具】下拉按钮，在打开的下拉列表中，选择【Internet 选项】命令，如图 8-47 所示。

(2) 打开【Internet 选项】对话框。在【浏览历史记录】区域中，单击【设置】按钮，如图 8-48 所示。

图 8-47　选择【Internet 选项】命令　　　　　图 8-48　【Internet 选项】对话框

(3) 打开【Internet 临时文件和历史记录设置】对话框，单击【移动文件夹】按钮，如图 8-49 所示。

(4) 打开【浏览文件夹】对话框，在该对话框中选择【本地磁盘(E:)】，直接单击【确定】按钮。如图 8-50 所示。

图 8-49　单击【移动文件夹】按钮　　　　　图 8-50　选择路径

(5) 返回至【Internet 临时文件和历史记录设置】对话框，你会发现 IE 临时文件夹的位置已更改，单击【确定】按钮，如图 8-51 所示。

(6) 打开【注销】提示框，单击【是】按钮，重启计算机后完成设置，如图 8-52 所示。

图 8-51　单击【确定】按钮　　　　　图 8-52　【注销】提示框

8.4.3 定期清理文档使用记录

在使用计算机的时候，系统会自动记录用户最近使用过的文档，使用时间越长，这些文档记录就越多，势必会占用大量的磁盘空间。因此，用户应该定期对这些记录进行清理，以释放更多的磁盘空间。

【例 8-15】 清理文档使用记录。 视频

(1) 右击【开始】按钮，在打开的快捷菜单中选择【属性】命令，如图 8-53 所示。

(2) 打开【任务栏和「开始」菜单属性】对话框，选择【「开始」菜单】选项卡，在【隐私】区域，取消选中【存储并显示最近在「开始」菜单中打开的程序】和【存储并显示最近在「开始」菜单和任务栏中打开的项目】复选框，单击【确定】按钮，如图 8-54 所示。

图 8-53 右键快捷菜单 图 8-54 【任务栏和「开始」菜单属性】对话框

(3) 此时，即可将【开始】菜单中的浏览历史记录清除，如图 8-55 和图 8-56 所示。

图 8-55 清除前 图 8-56 清除后

8.5 使用系统优化软件

系统优化软件具有方便、快捷的优点，可以帮助用户优化系统与保持安全环境。本节介绍几款系统优化软件，使用户了解这种软件的使用方法。

8.5.1 使用 CCleaner

CCleaner 是一款来自国外的超级强大的系统优化工具，具有系统优化和隐私保护功能，可以清除 Windows 系统中不再使用的垃圾文件，以腾出更多硬盘空间。它的另一大功能是清除使用者的上网记录。CCleaner 的体积小，运行速度极快，可以对临时文件夹、历史记录、回收站等进行垃圾清理，并可对注册表进行垃圾项的扫描和清理。

通过使用 CCleaner 软件，用户可以对 Windows 系统中不需要的临时文件、系统日志进行扫描并自动进行清理，具体操作方法如下例所示。

【例 8-16】 使用 CCleaner 软件清理 Windows 系统中的垃圾文件。 📹 视频

(1) 双击 CCleaner 程序图标，打开 CCleaner 软件，如图 8-57 所示。

(2) 打开软件主界面，单击【清理】按钮，如图 8-58 所示。

图 8-57 双击 CCleaner 程序图标

图 8-58 单击【清理】按钮

(3) 打开【清理】界面，选择【应用程序】选项卡后，用户可以选择所需清理的应用程序文件项目。完成后，单击【分析】按钮，CCleaner 软件将自动检测 Windows 系统中的临时文件、历史文件、回收站文件、最近输入的网址、Cookies、应用程序会话、下载历史以及 Internet 缓存等文件，如图 8-59 所示。

(4) Cleaner 软件完成检测后，单击右下角的【运行清理】按钮，如图 8-60 所示。

图 8-59　【清理】界面

图 8-60　单击【运行清理】按钮

(5) 完成以上操作后，在打开的对话框中单击【继续】按钮，如图 8-61 所示。

(6) 扫描到的文件将被清理，清理完毕后的界面如图 8-62 所示。

图 8-61　单击【继续】按钮

图 8-62　清理完毕后的界面

8.5.2　使用 Windows 优化大师

Windows 优化大师是一款集系统优化、维护、清理和检测于一体的工具软件。可以让用户只执行几个简单步骤就可快速完成一些复杂的系统维护与优化操作。

1. 优化磁盘缓存

Windows 优化大师提供了优化磁盘缓存的功能，允许用户通过设置管理系统运行时磁盘缓存的性能和状态。

【例 8-17】　使用 Windows 优化大师优化计算机磁盘缓存。 视频

(1) 双击桌面上的 Windows 优化大师的程序图标，启动 Windows 优化大师。

(2) 进入 Windows 优化大师的主界面后，单击界面左侧的【系统优化】按钮，展开【系统优

化】子菜单，然后单击【磁盘缓存优化】选项，如图 8-63 所示。

（3）拖动【输入/输出缓存大小】和【内存性能配置】下面的滑块，可以调整磁盘缓存和内存性能配置，如图 8-64 所示。

图 8-63　优化磁盘缓存

图 8-64　调整磁盘缓存和内存性能配置

（4）选中【计算机设置为较多的 CPU 时间来运行】复选框，然后在后面的下拉列表框中选择【程序】选项，如图 8-65 所示。

（5）选中【Windows 自动关闭停止响应的应用程序】复选框，当 Windows 检测到某个应用程序停止响应时，就会自动关闭程序。选中【关闭无响应程序的等待时间】和【应用程序出错的等待时间】复选框后，用户可以设置应用程序出错时系统将其关闭的等待时间，如图 8-66 所示。

图 8-65　选择【程序】选项

图 8-66　设置等待时间

（6）单击【内存整理】按钮，打开【Wopti 内存整理】窗口，然后单击【快速释放】按钮，再单击【设置】按钮，如图 8-67 所示。

（7）然后在打开的选项区域中设置内存的自动整理策略，然后单击【确定】按钮，如图 8-68 所示。

图 8-67　【Wopti 内存整理】窗口

图 8-68　设置内存的自动整理策略

（8）关闭【Wopti 内存整理】窗口，返回【磁盘缓存优化】界面，然后单击【优化】按钮。

2. 优化文件系统

Windows 优化大师的文件系统优化功能包括优化二级数据高级缓存、CD/DVD-ROM、文件和多媒体应用程序以及 NTFS 性能等方面的设置。

【例 8-18】　使用 Windows 优化大师优化文件系统。 视频

(1) 单击 Windows 优化大师【系统优化】子菜单下的【文件系统优化】按钮，如图 8-69 所示。

(2) 拖动【二级数据高级缓存】滑块，可以使 Windows 系统更好地配合 CPU 获得更高的数据预读命中率。选中【需要时允许 Windows 自动优化启动分区】复选框，将允许 Windows 系统自动优化计算机的系统分区；选中【优化 Windows 声音和音频设置】复选框，可优化操作系统的声音和音频，单击【优化】按钮，如图 8-70 所示。关闭 Windows 优化大师，重新启动计算机即可。

图 8-69　优化文件系统

图 8-70　设置系统优化参数

3. 优化网络系统

Windows 优化大师的网络系统优化功能包括优化传输单元、最大数据段长度、COM 端口缓冲、IE 同时连接最大线程数量以及域名解析等方面的设置。

【例 8-19】　使用 Windows 优化大师优化网络系统。 视频

(1) 单击 Windows 优化大师【系统优化】子菜单下的【网络系统优化】按钮，如图 8-71 所示。

(2) 在【上网方式选择】组合框中，选择计算机的上网方式，选定后系统会自动给出【最大传输单元大小】、【最大数据段长度】和【传输单元缓冲区】三项默认值，用户可以根据自己的实际情况进行设置，如图 8-72 所示。

图 8-71　优化网络系统

图 8-72　设置上网方式

（3）单击【默认分组报文寿命】下拉菜单，选择默认分组报文的默认生存期。如果网速比较快，可以选择 128，如图 8-73 所示。

（4）单击【IE 同时连接的最大线程数(推荐)】右侧的下拉菜单，选择允许 IE 同时打开的网页个数，如图 8-74 所示。

图 8-73　设置【默认分组报文寿命】

图 8-74　设置允许 IE 同时打开的网页个数

（5）选中【启用最大传输单元大小自动探测、黑洞路由器探测、传输单元缓冲区自动调整】复选框，将自动启动最大传输单元大小自动探测、黑洞路由器探测、传输单元缓冲区自动调整等设置，以辅助计算机的网络功能，单击【IE 及其他】按钮，如图 8-75 所示。

（6）打开【IE 浏览器及其它设置】对话框，然后在该对话框中选择【网卡】选项卡，如图 8-76所示。

图 8-75　辅助计算机的网络功能

图 8-76　【网卡】选项卡

（7）打开【请选择要设置的网卡】下拉列表，选择要设置的网卡，然后单击【确定】按钮，如图 8-77 所示。

（8）在打开的对话框中单击【确定】按钮，然后单击【取消】按钮，如图 8-78 所示。

图 8-77　选择要设置的网卡

图 8-78　完成网卡参数的设置

(9) 完成以上操作后，单击【网络系统优化】界面中的【优化】按钮，然后关闭 Windows 优化大师，重新启动计算机，即可完成优化操作。

4. 优化开机速度

Windows 优化大师的开机速度优化功能主要用于优化计算机的启动速度和管理计算机启动时自动运行的程序。

【例 8-20】 使用 Windows 优化大师优化计算机开机速度。 视频

(1) 单击 Windows 优化大师【系统优化】子菜单下的【开机速度优化】按钮，如图 8-79 所示。

(2) 拖动【启动信息停留时间】滑块可以设置在安装了多操作系统的计算机启动时，系统选择菜单的等待时间，如图 8-80 所示。

图 8-79　优化开机速度

图 8-80　进行设置

(3) 在【等待启动磁盘错误检查时间】下拉列表框中，用户可设定时间，如设置为 10 秒。如果计算机被非正常关机，那么在下一次启动时，Windows 系统将设置 10 秒(默认值，用户可自行设置)的等待时间让用户决定是否要自动运行磁盘错误检查工具，如图 8-81 所示。

(4) 另外，用户还可以在【请勾选开机时不自动运行的项目】组合框中选择开机时没必要启动的选项，完成操作后，单击【优化】按钮，如图 8-82 所示，重新启动计算机即可。

图 8-81　设置时间

图 8-82　进行优化

5. 优化后台服务

Windows 优化大师的后台服务优化功能可以使用户方便地查看当前所有的服务并启用或停止某一服务。

【例 8-21】 使用 Windows 优化大师优化计算机后台服务。 视频

(1) 单击 Windows 优化大师【系统优化】子菜单下的【后台服务优化】按钮。

计算机基础与实训教程系列

(2) 接下来，在显示的选项区域中单击【设置向导】按钮，打开【服务设置向导】对话框，如图 8-83 所示。

(3) 在【服务设置向导】对话框中保持默认设置，单击【下一步】按钮，在打开的对话框中将显示用户选择的设置，继续单击【下一步】按钮，开始进行服务优化，如图 8-84 所示。

图 8-83　打开【服务设置向导】对话框

图 8-84　保持默认设置

(4) 完成以上操作后，在【服务设置向导】对话框中单击【完成】按钮。

8.6　实例演练

本章的实例演练主要练习使用 360 安全卫士对计算机进行优化，使用户更好地掌握本章内容。

【例 8-22】　使用 360 安全卫士优化和加速系统。 视频

(1) 启动 360 安全卫士 11，打开【360 安全卫士 11】对话框，选择【优化加速】选项，如图 8-85 所示。

(2) 单击【全面加速】按钮，如图 8-86 所示。

图 8-85　选择【优化加速】选项

图 8-86　单击【全面加速】按钮

(3) 360 安全卫士开始扫描需要优化的程序，扫描完成后显示可优化项，单击【立即优化】按钮，如图 8-87 所示。

(4) 打开【一键优化提醒】对话框，选择需要优化的选项对应的复选框，如果需要全部优化，单击【全选】按钮，单击【确认优化】按钮，如图 8-88 所示。

图 8-87　单击【立即优化】按钮

图 8-88　选择全部优化

(5) 在对所有选项完成优化后，会提示优化的选项及优化效果。单击【立即加速】按钮，如图 8-89 所示。

(6) 打开 360 加速球，可快速实现对系统的优化，如图 8-90 所示。

图 8-89　单击【立即加速】按钮

图 8-90　360 加速球

(7) 返回初始界面，单击右下角的【更多】选项，如图 8-91 所示。

(8) 在打开的界面中，选择【系统工具】选项卡，将鼠标移至【系统盘瘦身】图标，单击显示的【添加】按钮，如图 8-92 所示。

图 8-91　单击【更多】选项

图 8-92　单击【添加】按钮

(9) 添加完工具后，打开【360 安全卫士系统盘瘦身】对话框，单击【立即瘦身】按钮，即可进行优化，如图 8-93 所示。

(10) 完成后，即可看到释放的磁盘空间。由于部分文件需要重启计算机才能生效，因此单击【立即重启】按钮，重启计算机，如图 8-94 所示。

图 8-93　单击【立即瘦身】按钮

图 8-94　单击【立即重启】按钮

8.7　习题

1. 如何设置虚拟内存？
2. 如何整理磁盘碎片？
3. 使用 Windows 优化大师优化磁盘缓存。

第 9 章

计算机网络设置

如今，随着信息化社会的不断发展，计算机网络已经十分普及，成为人们日常工作和生活中必不可少的部分。在网络中不仅可以浏览和搜索各种生活信息、下载各种软件资源，还能够协助用户办理很多生活中的实际事务。

本章重点

- 网卡的安装
- 了解上网方式

- 认识无线网络设备
- 了解局域网

二维码教学视频

【例 9-1】 宽带连接上网
【例 9-2】 配置局域网的 IP 地址
【例 9-3】 配置网络位置
【例 9-4】 测试网络的连通性

【例 9-5】 共享文件夹
【例 9-6】 访问共享资源
【例 9-7】 取消共享资源

9.1 网卡

网卡是局域网中连接计算机和传输介质的接口，它不仅能实现与局域网传输介质之间的物理连接和电信号匹配，还涉及帧的发送与接收、帧的封装与拆封、介质访问控制、数据的编码与解码以及数据缓存等。本节将详细介绍网卡的常见类型、工作方式和选购常识。

9.1.1 网卡的常见类型

随着超大规模集成电路的不断发展，计算机配件一方面朝着更高性能的方向发展，另一方面朝着高度整合的方向发展。在这一趋势下，网卡逐渐演化为独立网卡和集成网卡两种不同的形态，各自的特点如下。

▽ 集成网卡：集成网卡又称板载网卡，使用的是一种将网卡集成到主板上的作法，如图 9-1 所示。集成网卡是主板不可缺少的一部分，有十兆/百兆网卡、DUAL 网卡、千兆网卡及无线网卡等类型。目前，市场上的大部分主板都有集成网卡。

▽ 独立网卡：独立网卡相对集成网卡在使用与维护上都更加灵活，且能够为用户提供更稳定的网络连接服务，其外观与其他计算机适配卡类似，如图 9-2 所示。

图 9-1　主板上的集成网卡

图 9-2　独立网卡

虽然独立网卡与集成网卡在形态上有区别，但这两类网卡在技术和功能等方面却没有太多的不同，分类方式也较为一致。目前，常见的网卡分类方法有以下几种。

1. 按照数据通信速率分类

网卡所遵循的常见通信速率标准分为 10Mbps、100Mbps、10/100Mbps 自适应、10/100/1000Mbps 自适应等几种。其中，10Mbps 的网卡由于速度太慢，早已退出主流市场；具备 100Mbps 速率的网卡虽然在市场上非常常见，但随着人们对网络速度需求的增加，已经开始逐渐退出市场，取而代之的是 10/100Mbps 自适应网卡以及更快的 1000Mbps 网卡。

2. 按照总线接口类型分类

在独立网卡中，根据网卡与计算机连接时所采用总线的接口类型不同，可以将网卡分为 PCI 网卡、PCI-E 网卡、USB 网卡和 PCMCIA(笔记本电脑专用接口)网卡等几种类型，各自的特点如下。

- ▽ PCI 网卡：PCI 网卡也就是使用 PCI 插槽的网卡，主要是一些 100Mbps 速率的网卡产品。
- ▽ PCI-E 网卡：PCI-E 网卡采用 PCI-Express X1 接口与计算机进行连接，此类网卡可以支持 1000Mbps 速率，外观如图 9-3 所示。
- ▽ USB 网卡：USB 网卡也就是使用 USB 接口的网卡，此类网卡的特点是体积小巧、便于携带和安装、使用方便，外观如图 9-4 所示。
- ▽ PCMCIA 网卡：PCMCIA 网卡是一种专用于笔记本电脑的网卡，此类网卡受笔记本电脑体积的限制，大小不能做得像 PCI 和 PCI-E 网卡那么大。随着笔记本电脑的日益普及，PCMCIA 网卡在市场上较为常见，很容易找到。

图 9-3　PCI-E 网卡

图 9-4　USB 网卡

9.1.2　网卡的工作方式

网卡的工作方式如下：当计算机需要发送数据时，网卡将会持续侦听通信介质上的载波(载波由电压指示)情况，以确定信道是否被其他站点占用。当发现通信介质上无载波(空闲)时，便开始发送数据帧，同时继续侦听通信介质，以检测数据冲突。在此过程中，如果检测到冲突，便会立即停止本次发送，并向通信介质发送"阻塞"信号，以便告知其他站点已经发送冲突。在等待一定时间后，重新尝试发送数据，如图 9-5 所示。

图 9-5　网卡的工作方式

9.1.3　网卡的选购常识

网卡虽然不是计算机中的主要配件，但却在计算机与网络通信中起着极其重要的作用。因此，用户在选购网卡时，也应了解一些常识，包括网卡的品牌、工艺、接口和速率等。

计算机基础与实训教程系列

▽ 网卡的品牌：用户在购买网卡时，应选择信誉较好的品牌，如 3COM、Intel、D-Link、TP-Link 等。这是因为品牌信誉较好的网卡在质量上有保障，售后服务也较普通品牌的产品要好，如图 9-6 所示。

▽ 网卡的工艺：与其他电子产品一样，网卡的制作工艺也体现在材料质量、焊接质量等方面。用户在选购网卡时，可以通过检查网卡 PCB(印制电路板)上的焊点是否均匀、干净以及有无虚焊、脱焊等现象，判断一块网卡的工艺水平，如图 9-7 所示。

图 9-6　TP-LINK 网卡

图 9-7　网卡的工艺

▽ 网卡的接口和速率：用户在选购网卡之前，应明确网卡的类型、接口、传输速率和其他相关情况，以免出现购买的网卡无法使用或不能满足需求的情况。

9.2　双绞线

　　双绞线(网线)是局域网中最常见的一种传输介质，尤其是在目前常见的以太局域网中，双绞线更是必不可少的布线材料。本节将详细介绍双绞线的分类、水晶头和选购常识等内容。

9.2.1　双绞线的分类

　　双绞线是由两条相互绝缘的导线按照一定的规格互相缠绕(一般以顺时针缠绕)在一起而制成的一种通用配线，属于信息通信网络传输介质。双绞线过去主要用于传输模拟信号，但现在同样适用于数字信号的传输，如图 9-8 和图 9-9 所示。双绞线的主要分类方式有以下几种。

图 9-8　双绞线的结构

图 9-9　双绞线的外观

1. 按有无屏蔽层分类

目前，局域网中使用的双绞线根据结构的不同，主要分为屏蔽双绞线和非屏蔽双绞线两种，各自的特点如下。

▽ 屏蔽双绞线：屏蔽双绞线的外层有铝箔包裹着，以减小辐射。根据屏蔽方式的不同，屏蔽双绞线又分为两类：STP(Shielded Twisted-Pair)和FTP(Foil Twisted-Pair)。其中，STP是指双绞线内的每条线都有各自屏蔽层的屏蔽双绞线，而FTP则是采用整体屏蔽的屏蔽双绞线，如图 9-10 所示。需要注意的是，屏蔽只在整个线缆均有屏蔽装置，并且两端正确接地的情况下才起作用。

▽ 非屏蔽双绞线：非屏蔽双绞线无金属屏蔽材料，只有一层绝缘胶皮包裹，价格相对便宜，组网灵活。线路优点是阻燃效果好，不容易引起火灾，如图 9-11 所示。

图 9-10　屏蔽双绞线　　　　　　　　　　　图 9-11　非屏蔽双绞线

提示

在实际组建局域网的过程中，所采用的大都是非屏蔽双绞线，本书下面介绍的双绞线都是指非屏蔽双绞线。

2. 按线径粗细分类

常见的双绞线包括五类线、超五类线以及六类线等几类线，前者线径细而后者线径粗，具体型号如下所示。

▽ 五类线(CAT5)：五类双绞线是最常用的以太网电缆线。相对四类线，五类线增加了绕线密度，并且外套一种高质量的绝缘材料，线缆最高频率带宽为 100MHz，最高传输率为100Mbps，用于语音传输和最高传输速率为100Mbps 的数据传输，主要用于 100BASE-T和 1000BASE-T 网络，最大网段长 100 米。

▽ 超五类线(CAT5e)：超五类线主要用于千兆以太网，衰减小、串扰少，具有更高的衰减串扰比(ACR)。

▽ 六类线(CAT6)：六类线的传输性能远远高于超五类线，最适用于传输速率高于 1Gbps 的应用，电缆传输频率为 1MHz~250MHz。

▽ 超六类线(CAT6e)：超六类线的传输带宽介于六类线和七类线之间，为 500MHz。

▽ 七类线(CAT7)：七类线的传输带宽为 600MHz，可能用于吉比特以太网。

9.2.2　双绞线的水晶头

在局域网中，双绞线的两端都必须安装 RJ-45 连接器(俗称水晶头)才能与网卡和其他网络设备相连，发挥网线的作用，如图 9-12 和图 9-13 所示。

图 9-12　RJ-45 水晶头

图 9-13　网卡的 RJ-45 接口

水晶头的安装制作标准有 EIA/TIA 568A 和 EIA/TIA 568B 两个国际标准，线序排列方法如表 9-1 所示。

表 9-1　水晶头中的线序排列

标　　准	线序排列方法(从左至右)
EIA/TIA 568A	绿白、绿、橙白、蓝、蓝白、橙、棕白、棕
EIA/TIA 568B	橙白、橙、绿白、蓝、蓝白、绿、棕白、棕

在组建局域网的过程中，用户可按以下两种不同的方法制作出双绞线来连接网络设备或计算机。根据双绞线制作方法的不同，得到的双绞线分别称为直连线和交叉线。

▽ 直连线：直连线用于连接网络中的计算机与集线器(或交换机)。直连线分为一一对应接法和 100M 接法。其中，一一对应接法是指双绞线的两头连线要互相对应，虽无顺序要求，但要一致，如图 9-14 所示。采用 100M 接法的直连线能满足 100M 带宽的通信速率，接法虽然也是一一对应，但每个引脚的颜色是固定的，具体排列顺序为：白橙/橙/白绿/蓝/白蓝/绿/白棕/棕。

图 9-14　直连线

▽　交叉线：交叉线又称为反线，线序按照一端 EIA/TIA 568A、另一端 EIA/TIA 568B 的标
准排列，并用 RJ45 水晶头夹好，如图 7-15 所示。在网络中，交叉线一般用于相同设备
的连接，如路由器连接路由器、计算机连接计算机。

图 9-15　交叉线

9.2.3　双绞线的选购常识

网线(双绞线)质量的好坏直接影响网络通信的效果。用户在选购网线的过程中，应考虑种类、
品牌、包裹层等问题。

▽　鉴别网线的种类：在网络产品市场中，网线的品牌及种类多得数不胜数。大多数用户选
购的网线一般是五类线或超五类线。由于许多消费者对网线不太了解，因此小部分商家
可能会将用于三类线的导线封装在印有五类双绞线字样的线缆中冒充五类线出售，或将
五类线当成超五类线销售。因此，用户在选购网线时，应对比五类线与超五类线的特征，
鉴别买到的网线种类，如图 9-16 所示。

▽　注意名牌假货：从双绞线的外观看，五类双绞线采用质地较好并耐热、耐寒的硬胶作为
外部包裹层，使得能在严酷的环境下不会出现断裂或褶皱，内部使用做工比较扎实的 8
条铜线，而且反复弯曲铜线不易折断，具有很强的韧性。用户在选购网线时，不仅要通
过网线品牌选购网线，而且还应注意拿到手的网线质量，如图 9-17 所示。

▽　看网线外部包裹层：网线的外部绝缘皮上一般都印有生产厂商、产地、执行标准、产品
类别、线长标识等信息。用户在选购网线时，可以通过网线包裹层外部的这些信息判断
是否是自己所需的网线类型。

图 9-16　鉴别网线的种类

图 9-17　注意名牌假货

9.3 ADSL Modem

ADSL Modem 是为 ADSL(非对称用户数字环路)提供数据调制和解调服务的设备，最高支持 8Mbps 的下行速率和 1Mbps 的上行速率，抗干扰能力强，适合普通家庭用户使用。

9.3.1 ADSL Modem 的常见类型

目前，市场上出现的 ADSL Modem 按照与计算机的连接方式，可以分为以太网 ADSL Modem、USB ADSL Modem 以及 PCI ADSL Modem 等几种。

1. 以太网 ADSL Modem

以太网 ADSL Modem 是一种通过以太网接口与计算机进行连接的 ADSL Modem。常见的 ADSL Modem 都属于以太网 ADSL Modem，如图 9-18 所示。

以太网 ADSL Modem 的性能最为强大，功能也较丰富，有的型号还带有路由和桥接功能，特点是安装与使用都非常简单，将各种线缆与其连接后即可开始工作。

2. USB ADSL Modem

USB ADSL Modem 在以太网 ADSL Modem 的基础上增加了一个 USB 接口，用户可以选择使用以太网接口或 USB 接口与计算机进行连接。USB ADSL Modem 的内部结构、工作原理与以太网 ADSL Modem 相比并没有太大的区别，如图 9-19 所示。

图 9-18　以太网 ADSL Modem

图 9-19　USB ADSL Modem

3. PCI ADSL Modem

PCI ADSL Modem 是一种内置式 Modem。相对于以太网 ADSL Modem 和 USB ADSL Modem，PCI ADSL Modem 的安装方式稍微复杂一些，需要用户打开计算机主机机箱，将 PCI ADSL Modem 安装在主板上相应的插槽内。另外，PCI ADSL Modem 大多只有一个电话接口，线缆的连接也较简单。

9.3.2 ADSL Modem 的工作原理

用户在通过 ADSL Modem 浏览 Internet 时，经过 ADSL Modem 编码的信号会在进入电话局后，由 ADSL 设备首先对信号进行识别与分离。在经过分析后，如果是语音信号，则传至电话程控交换机，进入电话网；如果是数字信号，则直接接入 Internet，如图 9-20 所示。

图 9-20　ADSL Modem 的工作原理

9.3.3　ADSL Modem 的选购常识

用户在选购一款 ADSL Modem 的过程中，应充分考虑接口、安装软件以及是否随机附带分离器等方面，具体如下。

▽ 选择接口：现在 ADSL Modem 的接口方式主要有以太网、USB 和 PCI 三种。USB、PCI 接口的 ADSL Modem 适用于家庭用户，性价比较高，并且小巧、方便、实用；外置型以太网接口的 ADSL Modem 更适用于企业和办公室，可以带多台计算机进行上网。另外，有的以太网接口的 ADSL Modem 同时具有桥接和路由功能，这样就可以省掉一台路由器。外置型以太网接口的带路由功能的 ADSL Modem 支持 DHCP、NAT、RIP 等功能，还有自己的 IP 池，可以给局域网中的用户自动分配 IP，既可以方便网络的搭建，又能节约组网成本，如图 9-21 所示。

▽ 比较安装软件：虽然 ADSL 被电信公司广泛推广，而且 ADSL Modem 在装配和使用时也都很方便，但这并不等于说 ADSL 在推广中就毫无障碍。由于 ADSL Modem 的设置相对较复杂，厂商提供安装软件的好坏直接决定用户是否能够顺利地装上 ADSL Modem。因此，用户在选购 ADSL Modem 时还应充分考虑安装软件是否简单易用，如图 9-22 所示。

图 9-21　ADSL Modem

图 9-22　ADSL Modem 配件

▽ 是否附带分离器：由于 ADSL 使用的信道与普通 Modem 不同，虽利用电话介质却不占用
电话线，因此需要有分离器。有的厂家为了追求低价，就将分离器单独拿出来卖，这样
ADSL Modem 就会相对便宜，用户选购时应注意这一点。

9.4　宽带路由器

宽带路由器(如图 9-23 和图 9-24 所示)是近年来新兴的一种网络产品，伴随着宽带的普及应
运而生。宽带路由器在一个紧凑的箱子中集成了路由器、防火墙，以及带宽控制和管理等功能，
具备快速转发能力，具有灵活的网络管理和丰富的网络状态等特点。

图 9-23　宽带路由器的正面

图 9-24　宽带路由器的背面

9.4.1　路由器的常用功能

宽带路由器的 WAN 接口能够自动检测或手动设定带宽运营商的接入类型，具备客户端发起
功能。例如，可以作为 PPPoE 客户端，也可以作为 DHCP 客户端，或是分配固定的 IP 地址。下
面将介绍宽带路由器的一些常用功能。

1. 内置 PPPoE 虚拟拨号

在宽带数字线上进行拨号，不同于模拟电话线上使用调制解调器的拨号。一般情况下，采用
专门的 PPPoE(Point-to-Point Protocol over Ethernet)协议，拨号后直接由验证服务器进行检验，检
验通过后就建立起一条高速的用户通道，并分配相应的动态 IP 地址。宽带路由器或带路由的以
太网接口的 ADSL 都内置有 PPPoE 虚拟拨号功能，可以方便地替代手工拨号接入宽带。

2. 内置 DHCP 服务器

宽带路由器都内置 DHCP 服务器的功能和交换机端口，便于用户组网。DHCP 是 Dynamic Host
Configuration Protocol(动态主机分配协议)的缩写，该协议允许服务器向客户端动态分配 IP 地址
和配置信息。

3. 网络地址转换(NAT)功能

宽带路由器一般利用网络地址转换(NAT)功能来实现多用户的共享接入，NAT 相比传统的采用代理服务器(Proxy Server)的方式具有更多的优点。NAT 提供了连接互联网的一种简单方式，并且通过隐藏内部网络地址的手段可以为用户提供安全保护。

9.4.2　路由器的选购常识

由于宽带路由器和其他网络设备一样，品种繁多，性能和质量也参差不齐，因此用户在选购时，应充分考虑需求、品牌、功能、指标参数等因素，并综合各项参数做出最佳选择。

▽　明确需求：用户在选购宽带路由器时，应首先明确自身需求。目前，由于应用环境的不同，用户对宽带路由器也有不同的要求。例如，SOHO(家庭办公)用户需要简单、稳定、快捷的宽带路由器；而中小型企业和网吧对宽带路由器的要求则是技术成熟、安全、组网简单方便、宽带接入成本低廉等。

▽　指标参数：路由器作为一种网间连接设备，一个作用是连通不同的网络，另一个作用是选择传送信息的线路。选择快捷路径，能大大提高通信速度，减轻网络系统的通信负荷，节约网络系统资源，提高网络性能。其中，宽带路由器的吞吐量、交换速度及响应时间是 3 个最为重要的参数，用户在选购时应特别留意。

▽　功能选择：随着技术的不断发展，宽带路由器的功能不断扩展。目前，市场上的大部分宽带路由器提供 VPN、防火墙、DMZ、按需拨号、支持虚拟服务器、支持动态 DNS 等功能。用户在选购时，应根据自己的需求选择合适的产品。

▽　选择品牌：用户在购买宽带路由器时，应选择信誉较好的名牌产品，如 Cisco、D-Link、TP- Link 等。

9.5　无线网络设备

无线网络是利用无线电波作为信息传输媒介的无线局域网(WLAN)，与有线网络的用途十分类似。为组建无线网络而使用的设备称为无线网络设备，与普通的有线网络设备有一定的差别。

9.5.1　无线 AP

无线 AP(Access Point)即无线接入点，是用于无线网络的无线交换机(如图 9-25 所示)，也是无线网络的核心。无线 AP 是移动计算机用户进入有线网络的接入点，主要用于家庭、大楼内部以及园区内部，典型距离覆盖几十米至上百米，目前主要技术为 802.11 系列。大多数无线 AP 还带有接入点客户端模式，可以和其他 AP 进行无线连接，延展网络的覆盖范围。

图 9-25　无线 AP

1. 单纯型无线 AP 与无线路由器的区别

单纯型无线 AP 的功能相对简单，功能相当于无线交换机(与集线器的功能类似)。无线 AP 主要提供从无线工作站对有线局域网以及从有线局域网对无线工作站的访问，在访问覆盖范围内的无线工作站时可以通过单纯型无线 AP 进行相互访问。

通俗地讲，无线 AP 是无线网和有线网之间沟通的桥梁。由于无线 AP 的覆盖范围是一块向外扩展的圆形区域，因此，应当尽量把无线 AP 放置在无线网络的中心位置，而且各无线客户端与无线 AP 的直线距离最好不要超过 30 米，以免因通信信号衰减而导致通信失败。

无线路由器除了提供 WAN 接口(广域网接口)外，还提供有线 LAN 接口(局域网接口)。借助路由器功能，无线路由器可以实现家庭无线网络中的 Internet 连接共享，实现 ADSL 和小区宽带的无线共享接入。另外，无线路由器可以将通过它进行无线和有线连接的终端分配到一个子网，这样子网内的各种设备在交换数据时就将非常方便。

2. 组网方式

无线路由器可以将 WAN 接口直接与 ADSL 中的 Ethernet 接口连接，然后将无线网卡与计算机连接，并进行相应的配置，实现无线局域网的组建，如图 9-26 所示。

单纯的无线 AP 没有拨号功能，只能在与有线局域网中的交换机或宽带路由器进行连接后，才能在组建无线局域网的同时共享 Internet 连接，如图 9-27 所示。

图 9-26　使用无线路由器组建网络　　　图 9-27　使用无线 AP 组建网络

9.5.2　无线网卡

无线网卡与普通网卡的功能相同，是计算机中利用无线传输介质与其他无线设备进行连接的装置。无线网卡并不像有线网卡的主流产品那样只有 10/100/1000Mbps 等规格，而是分为 11Mbps、54Mbps 以及 108Mbps 等不同的传输速率，并且不同的传输速率分别属于不同的无线网络传输标准。

1. 无线网络的传输标准

在与无线网络传输有关的 IEEE 802.11 系列标准中，现在与用户实际使用有关的标准包括 802.11a、802.11b、802.11g 和 802.11n。

其中，802.11a 标准和 802.11g 标准的传输速率都是 54Mbps，但 802.11a 标准的 5GHz 工作频段很容易和其他信号冲突，而 802.11g 标准的 2.4GHz 工作频段则相对稳定。

另外，工作在 2.4GHz 频段的还有 802.11b 标准，但传输速率只能达到 11Mbps。现在随着 802.11g 标准产品的大幅降价，802.11b 标准已经逐渐不再使用。

2. 无线网卡的接口类型

无线网卡除了具有多种不同的标准之外，还包含多种不同的应用方式。例如，按照接口划分，可以将无线网卡划分为 PCI 接口的无线网卡、PCMCIA 接口的无线网卡和 USB 接口的无线网卡等几种。

▽ PCI 接口的无线网卡：PCI 接口的无线网卡主要针对台式计算机的 PCI 插槽而设计，如图 9-28 所示。台式计算机可以通过安装无线网卡，接入所覆盖的无线局域网，实现无线上网。

图 9-28　PCI 接口的无线网卡

▽ PCMCIA 接口的无线网卡：PCMCIA 接口的无线网卡专门为笔记本电脑设计，在将 PCMCIA 接口的无线网卡插入笔记本电脑的 PCMCIA 接口后，即可使用笔记本电脑接入 无线局域网，如图 9-29 所示。

图 9-29　PCMCIA 接口的无线网卡

计算机基础与实训教程系列

231

▽ USB 接口的无线网卡：USB 接口的无线网卡采用 USB 接口与计算机连接，具有即插即用、散热性强、传输速度快等优点，如图 9-30 所示。

图 9-30　USB 接口的无线网卡

9.5.3　无线上网卡

无线上网卡指的是无线广域网卡，能连接到无线广域网，如中国移动的 TD-SCDMA、中国电信的 CDMA2000 和 CDMA 1X 以及中国联通的 WCDMA 网络等。无线上网卡的作用、功能相当于有线的调制解调器，可以在拥有无线电话信号覆盖的任何地方，利用 USIM 或 SIM 卡连接到互联网。

目前，无线上网卡主要应用于笔记本电脑和掌上电脑，也有部分应用于台式计算机。按接口类型的不同，可以划分为以下几种类型。

▽ PCMCIA 接口的无线上网卡：PCMCIA 接口的无线上网卡(如图 9-31 所示)一般是笔记本电脑等移动设备专用的，受笔记本电脑空间的限制，体积远不可能像 PCI 接口的网卡那么大。

▽ USB 接口的无线上网卡：USB 接口的传输速率远远高于传统的并行口和串行口，设备安装简单并且支持热插拔。USB 接口的无线上网卡一旦接入，就能够立即被计算机识别，并装入任何需要的驱动程序，而且不必重新启动系统就可立即投入使用，如图 9-32 所示。

▽ CF 接口的无线上网卡：CF(Compact Flash)接口的无线上网卡主要应用于 PDA 等设备，分为 Type I 和 Type II 两类，二者的规格和特性基本相同。

▽ Express Card 接口的无线网卡：笔记本电脑专用的第二代接口——Express Card 接口，提供了附加内存、有线和无线通信、多媒体和安全保护等功能。

图 9-31　PCMCIA 接口的无线上网卡

图 9-32　USB 接口的无线上网卡

9.5.4　无线网络设备的选购常识

由于无线局域网具有众多优点，因此应用已十分广泛。但是作为一种全新的无线局域网设备，对于多数用户相对较为陌生,用户在购买时会不知所措。下面将介绍选购无线网络设备时应注意的一些问题。

1. 选择无线网络标准

用户在选购无线网络设备时,需要注意设备支持的标准。例如,目前无线局域网设备支持较多的为 802.11b 和 802.11g 两种标准,也有设备单独支持 802.11a 或同时支持 802.11b 和 802.11g 等几种标准,这时就需要考虑设备的兼容性问题。

2. 网络连接功能

实际上,无线路由器是具备宽带接入端口和路由功能、采用无线通信的普通路由器。而无线网卡则与普通网卡一样,只不过采用无线方式进行数据传输。因此,用户选购的宽带路由器往往带有端口(4 个端口),提供 Internet 共享功能,各方面比较适用于局域网连接,能够自动分配 IP 地址,便于管理。

3. 路由技术

用户在选购无线路由器时,应了解无线路由器支持的技术。例如,了解是否支持NAT 和 DHCP功能。此外,为了保证计算机上网安全,无线路由器还需要带有防火墙功能,从而可以防止黑客攻击,避免网络受病毒侵害。

4. 数据传输距离

无线局域网的通信范围不受环境条件的限制,网络的传输范围得到极大拓宽,最大传输距离可以达到几十千米。

在有线局域网中,两个站点的距离通过双绞线往往在 100 米以内,即使采用单模光纤也只能达到 3000 米;而无线局域网中两个站点间的距离目前可以达到 50 千米,距离数千米的建筑物中的网络可以集成为同一个局域网。

9.6　计算机上网方式

一般计算机网络的接入方式包括有线上网和无线上网两种。现在有线上网方式主要包括 ASDL 拨号上网、小区宽带上网和光纤直接接入上网 3 种。

9.6.1　有线上网

有线上网方式具有传输速度快、线路稳定、价格便宜等优点,适用于办公室、家庭等固定场所使用。有线网络最传统,也是目前应用最为广泛的一种网络连接方式。

1. ADSL 拨号上网

ADSL 拨号上网是非对称数字用户线路上网,是目前主流的一种上网方式。与拨号上网相同,

ADSL 的传输介质也是普通的铜质电话线，支持上行传输速率为 16~640Kbps，下行传输速率为 1.5~8Mbps，有效传输距离为 3 至 5 千米。它最初主要是针对视频点播业务开发的，随着技术的发展，逐步成为一种较方便的宽带接入技术，为电信部门所重视。通过网络电视的机顶盒，可以实现许多以前在低速率下无法实现的网络应用。

ADSL 具有传输速率高、独享带宽、网络安全可靠、价格和架设简单等优点，是家庭和中小企业首选的上网方式。

家庭用户需要使用 ADSL 终端(因为和传统的 Modem 类似，所以俗称"猫")连接电话线路。由于 ADSL 使用高频信号，因此两端还要使用 ADSL 信号分离器将 ADSL 数据信号和普通音频电话信号分离出来，避免打电话的时候出现噪音干扰。

2. 小区宽带上网

小区宽带上网指的是通过网络服务商在小区里建立的机房与宽带接口，将笔记本电脑接入网络。小区宽带的网络带宽比 ADSL 拨号上网方式提供的网络带宽大很多，用户通过小区宽带接入网络的网速也较快。但随着小区内上网用户数量的增加，小区宽带上网的网速会逐渐降低。

使用计算机实现小区宽带上网的方法：确认小区内已提供小区宽带上网设备(即网络服务商安置的机房)，然后到当地提供小区宽带上网服务的网络服务商那里办理开户手续，按标准缴纳相关费用，最后宽带安装服务人员将会在预约时间内上门为用户安装并开通小区宽带上网业务。

【例 9-1】 使用宽带用户名和密码连接上网。 视频

(1) 单击【开始】按钮，选择【控制面板】选项，单击【网络和共享中心】图标，如图 9-33 所示。

(2) 打开【网络和共享中心】窗口，单击【设置新的连接或网络】链接，如图 9-34 所示。

图 9-33　单击【网络和共享中心】图标　　　　图 9-34　单击链接

(3) 在【选择一个连接选项】对话框中，选择【连接到 Internet】选项，然后单击【下一步】按钮，如图 9-35 所示。

(4) 在弹出的对话框中单击【宽带(PPPoE)】按钮，设置 PPPoE 宽带连接，如图 9-36 所示。

图 9-35　选择【连接到 Internet】选项

图 9-36　单击【宽带(PPPoE)】按钮

(5) 弹出【键入您的 Internet 服务提供商(ISP)提供的信息】对话框，在【用户名】文本框中输入电信运营商提供的用户名，在【密码】文本框中输入提供的密码，单击【连接】按钮，如图 9-37 所示。

(6) 此时，计算机开始连接网络，连接成功后用户就可以上网了，如图 9-38 所示。

图 9-37　输入用户名和密码

图 9-38　开始连接网络

3. 光纤直接接入上网

在宽带网络中，光纤是多种传输媒介中最理想的一种，特点是传输容量大、传输质量好、损耗小、中继距离长等。光纤传输使用的是波分复用，也就是首先把小区里多个用户的数据利用 PON 技术汇接成高速信号，然后调制到不同波长的光信号在一根光纤里传输。

光纤直接接入的方式是从网络层次中的汇聚层直接组建光纤网络，主要是为有独享光纤高速上网需求的企业或集团用户提供的，传输带宽为 10~1000Mbps 或以上。这种接入方式的特点是可根据用户需求调整带宽接入，上下行带宽都比较大，适合企业建立自己的服务器。

9.6.2　无线上网

在安装了无线网卡的计算机中，用户可以参考以下步骤，将计算机连接至无线网络。

(1) 打开控制面板，单击【网络和共享中心】图标。

(2) 打开【网络和共享中心】窗口，单击【设置新的连接或网络】链接，如图 9-39 所示。

(3) 打开【选择一个连接选项】对话框，选择【连接到 Internet】选项，单击【下一步】按钮，如图 9-40 所示。

图 9-39 单击链接 图 9-40 选择【连接到 Internet】选项

(4) 在弹出的【您想如何连接】对话框中，单击【无线】按钮，如图 9-41 所示。

(5) 此时，桌面的右下角自动弹出一个列表，此列表中显示了所有可用的无线网络信号，并按照信号强度从高到低的方式排列，选择 qhwknj 无线连接，然后单击【连接】按钮，如图 9-42 所示。

图 9-41 单击【无线】按钮 图 9-42 选择无线连接

(6) 如果无线网络设置有密码，则会弹出【键入网络安全密钥】对话框，在【安全密钥】文本框中输入无线网络的密码，然后单击【确定】按钮进行网络连接，如图 9-43 所示。

图 9-43 输入密码

(7) 此时，系统开始连接到当前的无线网络。如果无线网络没有设置密码，则可以直接开始连接。连接成功后，在【网络和共享中心】窗口中可查看网络的连接状态，如图 9-44 所示。

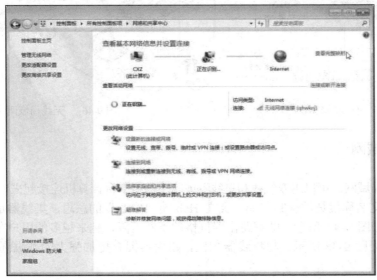

图 9-44　连接成功

9.7　组建局域网

局域网又称 LAN(Local Area Network)，是在局部的地理范围内，将多台计算机、外围设备互相连接起来组成的通信网络，用途主要在于数据通信与资源共享。在办公室里组建局域网络可以让工作的进行更加顺利、方便。

9.7.1　认识局域网

局域网与日常生活中使用的互联网极为相似，只是范围缩小到了办公室而已。在把办公用的计算机连接成局域网之后，通过在计算机之间共享资源，可以极大提高办公效率。

局域网一般属于对等局域网，在对等局域网中，各台计算机的功能相同，无主从之分，网上任意节点的计算机都可以作为网络服务器，为其他计算机提供资源。

通常情况下，按通信介质可将局域网分为有线局域网和无线局域网两种。

▽ 有线局域网是指通过网络或其他线缆将多台计算机相连成局域网。但有线局域网在某些场合要受到布线的限制，布线、改线工程量大，线路容易损坏，网中的各节点不可移动，如图 9-45 所示。

▽ 无线局域网是指采用无线传输媒介将多台计算机相连成局域网。这里的无线媒介可以是无线电波、红外线或激光。无线局域网技术可以非常便捷地以无线方式连接网络设备，用户之间可随时、随地、随意地访问网络资源，是现代数据通信系统发展的重要方向。无线局域网可以在不采用网线的情况下，提供网络互联功能，如图 9-46 所示。

图 9-45　有线局域网　　　　　　　　　　　　　　　　图 9-46　　无线局域网

9.7.2　连接局域网

如果是有线局域网，可以用双绞线和集线器或路由器将多台计算机连接起来。

集线器的英文名称就是常说的 Hub，英文 Hub 是"中心"的意思，集线器是网络集中管理的最基本单元，如图 9-47 所示。随着路由器价格的不断下降，越来越多的用户在组建局域网时会选择路由器，如图 9-48 所示。与集线器相比，路由器拥有更加强大的数据通道功能和控制功能。

图 9-47　集线器　　　　　　　　　　　　　　　　　图 9-48　路由器

要连接局域网设备，只需要将网线一端的水晶头插入计算机机箱后的网卡接口，然后将网线另一端的水晶头插入集线器接口。接通集线器即可完成局域网设备的连接，如图 9-49 所示。

图 9-49　连接局域网设备

使用相同的方法为其他计算机连接网线，连接成功后，双击桌面上的【网络】图标，打开【网络】窗口，即可查看连接后的多台计算机。

9.7.3　配置 IP 地址

IP 地址是计算机在网络中的身份识别码，只有为计算机配置了正确的 IP 地址，计算机才能够接入网络。

【例 9-2】　在一台计算机中配置局域网的 IP 地址。　🎬 视频

(1) 单击任务栏右侧的【网络】按钮💻，在打开的面板中单击【打开网络和共享中心】链接，如图 9-50 所示。

(2) 打开【网络和共享中心】窗口，单击【本地连接】链接，如图 9-51 所示。

图 9-50　单击【打开网络和共享中心】链接　　　　图 9-51　单击【本地连接】链接

(3) 打开【本地连接 状态】对话框，单击【属性】按钮，如图 9-52 所示。

(4) 打开【本地连接 属性】对话框，双击【Internet 协议版本 4(TCP/IPv4)】选项，如图 9-53 所示。

图 9-52　单击【属性】按钮　　　　　　　　图 9-53　双击该选项

(5) 打开【Internet 协议版本 4(TCP/IPv4)属性】对话框，在【IP 地址】文本框中输入本机的 IP 地址，按下 Tab 键会自动填写子网掩码，然后分别在【默认网关】、【首选 DNS 服务器】和【备

计算机基础与实训教程系列

用 DNS 服务器】中设置相应的地址。设置完成后，单击【确定】按钮，完成 IP 地址的设置，如图 9-54 所示。

图 9-54　填写 IP 地址

提示

TCP/IP 协议是 Internet 的基础协议，是用来维护、管理和调整局域网中计算机间通信的一种通信协议。在 TCP/IP 协议中，IP 地址是一个重要的概念，在局域网中，每台计算机都由一个独有的 IP 地址来唯一识别。IP 地址含有 32 个二进制位，被分为 4 段，每段 8 位，如 192.168.1.2。

9.7.4　配置网络位置

在 Windows 7 操作系统中第一次连接到网络时，必须选择网络位置，因为这样可以为连接的网络自动进行适当的防火墙设置。

当用户在不同的位置(例如，家庭、本地咖啡店或办公室)连接到网络时，选择合适的网络位置将有助于用户始终确保将自己的计算机设置为适当的安全级别。

【例 9-3】 在一台计算机中配置网络位置。

(1) 单击任务栏右侧的【网络】按钮，在打开的面板中单击【打开网络和共享中心】链接，如图 9-55 所示。

(2) 打开【网络和共享中心】窗口，单击【工作网络】链接，如图 9-56 所示。

图 9-55　单击【打开网络和共享中心】链接　　　　图 9-56　单击【工作网络】链接

（3）打开【设置网络位置】对话框，设置计算机所处的网络，这里选择【工作网络】选项，如图 9-57 所示。

（4）下一个界面指明现在正处于"工作"网络中，单击【关闭】按钮，完成网络位置的设置，如图 9-58 所示。

图 9-57　选择【工作网络】选项

图 9-58　单击【关闭】按钮

9.7.5　测试网络连通性

配置完网络协议后，还需要使用 ping 命令来测试网络连通性，查看计算机是否已经成功接入局域网。

【例 9-4】　在 Windows 7 中使用 ping 命令测试网络连通性。 📹视频

（1）单击【开始】按钮，在搜索框中输入命令 cmd，如图 9-59 所示，然后按下 Enter 键，打开命令测试窗口，如图 9-60 所示。

图 9-59　输入 cmd 命令

图 9-60　打开命令测试窗口

（2）如果网络中有台计算机(非本机)的 IP 地址是 192.168.1.50，可在命令测试窗口中输入命令"ping 192.168.1.50"，然后按下 Enter 键。如果显示字节和时间等信息的测试结果，则说明网络已经正常连通，如图 9-61 所示。

（3）如果未显示字节和时间等信息的测试结果，则说明网络未正常连通，如图 9-62 所示。

图 9-61　网络正常连通　　　　　　　　　图 9-62　网络未正常连通

9.8　在局域网中共享资源

当用户的计算机接入局域网后，就可以设置共享资源，目的是方便局域网中的其他计算机用户访问共享资源。

9.8.1　设置共享文件与文件夹

在局域网中共享的本地资源大多数是文件或文件夹。共享本地资源后，局域网中的任意用户都可以查看和使用共享文件或文件夹中的资源。

【例 9-5】　共享本地 C 盘中"我的资料"文件夹。　视频

（1）双击桌面上的【计算机】图标，打开【计算机】窗口。双击【本地磁盘(C:)】图标，如图 9-63 所示。

（2）在打开的窗口中右击"我的资料"文件夹，选择【属性】命令，如图 9-64 所示。

图 9-63　双击【本地磁盘(C:)】图标　　　　　图 9-64　选择【属性】命令

（3）打开【我的资料 属性】对话框，切换至【共享】选项卡，然后单击【网络文件和文件夹共享】区域中的【共享】按钮，如图 9-65 所示。

（4）打开【文件共享】对话框，在上方的下拉列表中选择 Everyone 选项，如图 9-66 所示。然后单击【添加】按钮，Everyone 选项即被添加到中间的列表中。

图 9-65 单击【共享】按钮

图 9-66 添加 Everyone 选项

(5) 选择列表中刚刚添加的 Everyone 选项，然后单击【共享】按钮，系统即可开始共享设置，如图 9-67 所示。

(6) 打开【您的文件夹已共享】对话框，单击【完成】按钮，完成共享操作，在返回的对话框中单击【关闭】按钮，完成设置，如图 9-68 所示。

图 9-67 共享设置

图 9-68 单击【完成】按钮

9.8.2 访问共享资源

在 Windows 7 操作系统中，用户可以方便地访问局域网中其他计算机共享的文件或文件夹，获取局域网内其他用户提供的各种资源。

【例 9-6】 访问局域网中的计算机，打开共享的文件夹并复制其中的文档。 ⚙️视频

(1) 双击桌面上的【网络】图标，打开【网络】窗口，双击其中的 QHWK 图标，如图 9-69 所示。

(2) 进入用户 QHWK 的计算机，其中显示了该用户共享的文件夹，双击 ShareDocs 文件夹，打开该文件夹，如图 9-70 所示。

计算机基础与实训教程系列

图 9-69　双击 QHWK 图标

图 9-70　双击 ShareDocs 文件夹

（3）双击其中的 My Pictures 文件夹，打开该文件夹，显示里面所有的文件和文件夹，如图 9-71 所示。

（4）右击 01.jpg 图片文件，在弹出的快捷菜单中选择【复制】命令，如图 9-72 所示。

图 9-71　双击 My Pictures 文件夹

图 9-72　选择【复制】命令

（5）双击桌面上的【计算机】图标，打开【计算机】窗口，双击其中的 D 盘图标，打开 D 盘，在空白处右击鼠标，在弹出的快捷菜单中选择【粘贴】命令，即可将用户 QHWK 的共享文档复制到本地计算机中，如图 9-73 所示。

图 9-73　选择【粘贴】命令

> **提示**
>
> 在【计算机】窗口中，在【地址】栏中输入"\\用户计算机名"，如输入"\\ QHWK"，也可以快速进入局域网内 QHWK 用户的计算机。

9.8.3 取消共享资源

如果用户不想再继续共享文件或文件夹，可将共享属性取消，取消共享后，其他人就不能再访问它们。

【例9-7】 取消C盘中共享的"我的资料"文件夹。 🎬视频

(1) 打开【本地磁盘(C:)】窗口，右击"我的资料"文件夹，选择【属性】命令，如图 9-74 所示。

(2) 打开【我的资料 属性】对话框，切换至【共享】选项卡，单击【高级共享】区域中的【高级共享】按钮，如图 9-75 所示。

图9-74 选择【属性】命令

图9-75 单击【高级共享】按钮

(3) 打开【高级共享】对话框，取消选中【共享此文件夹】复选框，然后单击【确定】按钮，如图 9-76 所示。

(4) 返回【我的资料 属性】对话框，单击【关闭】按钮，完成设置，如图 9-77 所示。

图9-76 取消选中【共享此文件夹】复选框

图9-77 单击【关闭】按钮

9.9 实例演练

本章的实例演练主要通过完成网线的制作，帮助用户进一步掌握计算机网络设备的相关知识与应用方法。

【例 9-8】 使用双绞线、水晶头和剥线钳自制一根网线。

(1) 在开始制作网线之前，用户应准备必要的网线制作工具，包括剥线钳、简易打线刀和多功能螺丝刀，如图 9-78 所示。

(2) 将双绞线的一端放入剥线钳的剥线口中，定位在距离顶端 20mm 的位置，如图 9-79 所示。

(3) 压紧剥线钳后旋转 360°，使剥线口中的刀片可以切开网线的灰色包裹层，如图 9-80 所示。

(4) 从剥线口切开网线包裹层后，拉动网线，如图 9-81 所示。

图 9-78　制作工具

图 9-79　定位网线

图 9-80　旋转双绞线

图 9-81　拉出双绞线

(5) 将双绞线中 8 根不同颜色的线按照 EIA/TIA 586A 或 EIA/TIA 586B 线序标准排列(可参考 9.2 节中介绍的线序)，如图 9-82 所示

(6) 将整理好线序的网线拉直，如图 9-83 所示。

图 9-82　整理线序

图 9-83　拉直网线

(7) 将水晶头背面的 8 个金属压片面对自己，从左至右分别将网线按照步骤(5)中整理的线序插入水晶头，如图 9-84 所示。

(8) 检查网线是否都进入水晶头，并将网线固定，如图 9-85 所示。

图 9-84　插入水晶头

图 9-85　检查水晶头

(9) 将水晶头放入剥线钳的压线槽后，用力挤压剥线钳的钳柄，如图 9-86 所示。

(10) 将水晶头上的铜片压至铜线内，如图 9-87 所示。

图 9-86　放入压线槽

图 9-87　压制水晶头

(11) 接下来，使用相同的方法制作网线的另一头。完成后即可得到一根网线。

9.10　习题

1. 简述网卡按总线接口可分为哪几种类型。
2. 简述如何制作网线。
3. 如何共享局域网中的文件？

第 10 章

计算机安全维护

在使用计算机的过程中，若能养成良好的使用习惯并能对计算机进行定期维护，不但可以大大延长计算机硬件的工作寿命，还能提高计算机的运行效率，降低计算机发生故障的概率。本章将详细介绍计算机安全与维护方面的常用操作。

本章重点

- 硬件维护常识
- 系统的备份与还原
- 维护计算机系统
- 数据的备份与还原

二维码教学视频

10.1　计算机日常维护

在介绍计算机的维护方法之前，用户应先掌握一些计算机维护基础知识，包括计算机的使用环境、养成良好的计算机使用习惯，等等。

10.1.1　计算机适宜的使用环境

要想使计算机保持健康，首先应该在良好的使用环境下操作计算机。有关计算机的使用环境，需要注意的事项有以下几点。

▽ 环境温度：计算机正常运行的理想环境温度是 5~35℃，其安放位置最好远离热源并避免阳光直射，如图 10-1 所示。

▽ 环境湿度：适宜的湿度范围是 30%~80%，湿度太高可能会使计算机受潮而引起内部短路，烧毁硬件；湿度太低，则容易产生静电。

▽ 清洁的环境：计算机要放在比较清洁的环境中，以免大量的灰尘进入计算机而引起故障，如图 10-2 所示。

图 10-1　温度合适的机房

图 10-2　清洁的环境

▽ 远离磁场干扰：强磁场会对计算机的性能产生很坏的影响，如导致硬盘数据丢失、显示器产生花斑和抖动等。强磁场干扰主要来自一些大功率电器和音响设备等，因此，计算机要尽量远离这些设备。

▽ 电源电压：计算机的正常运行需要有稳定的电压。如果家里电压不够稳定，一定要使用带有保险丝的插座，或者为计算机配置 UPS 电源。

10.1.2　计算机的正确使用习惯

在日常工作中，正确使用计算机并养成好习惯，可以使计算机的使用寿命延长、运行状况更加稳定。关于正确的计算机使用习惯，主要有以下几点。

▽ 计算机的大多数故障都是软件的问题，而病毒又是经常造成软件故障的原因。在日常使用计算机的过程中，做好防范计算机病毒的查毒工作十分必要，如图 10-3 所示。

▽ 在计算机中插拔硬件时，或在连接打印机、扫描仪、Modem、音响等外设时，应先确保切断电源以免引起主机或外设的硬件烧毁，如图 10-4 所示。

图 10-3　防范病毒

图 10-4　切断电源

▽ 应避免频繁开关计算机，因为给计算机组件供电的电源是开关电源，要求至少关闭电源半分钟后才可再次开启电源。若市电供电线路电压不稳定，偏差太大(大于 20%)，或者供电线路接触不良(观察电压表指针，会发现抖动幅度较大)，则可以考虑配置 UPS 或净化电源，以免造成计算机组件的迅速老化或损坏，如图 9-5 所示。

▽ 定期清洁计算机(包括显示器、键盘、鼠标以及机箱散热器等)，使计算机处于良好的工作状态，如图 9-6 所示。

图 10-5　UPS 电源

图 10-6　清洁计算机

▽ 计算机在与音响设备连接时，供电电源要与其他电器分开，避免与其他电器共用一个电源插板，且信号线要与电源线分开连接，不要相互交错或缠绕在一起。

10.2　维护计算机硬件设备

对计算机硬件部分的维护是整个维护工作的重点。用户在对计算机硬件维护的过程中，除了要检查硬件的连接状态以外，还应注意保持各部分硬件的清洁。

10.2.1 硬件维护注意事项

在维护计算机硬件的过程中，用户应注意以下事项。

▽ 有些原装机和品牌机不允许用户自己打开机箱。如果用户擅自打开机箱，可能会失去一些由厂商提供的保修权利，用户应特别注意，如图 10-7 所示。

▽ 各部件要轻拿轻放，尤其是硬盘，防止损坏零件。

▽ 拆卸时注意各插接线的方位，如硬盘线、电源线等，以便正确还原。

▽ 用螺丝固定各部件时，应先对准部件的位置，然后上紧螺丝，如图 10-8 所示。尤其是主板，略有位置偏差就可能导致插卡接触不良；主板安装不平可能导致内存条、适配卡接触不良甚至造成短路，时间一长甚至可能会发生变形，从而导致故障发生。

▽ 由于计算机板卡上的集成电路器件多采用 MOS 技术制造，这种半导体器件对静电高压相当敏感。当带静电的人或物触及这些器件后，就会产生静电释放，而释放的静电高压将损坏这些器件。因此，维护计算机时要特别注意静电防护。

图 10-7　不要擅自打开机箱

图 10-8　用螺丝固定各部件

在拆卸计算机之前还必须注意以下事项。

▽ 断开所有电源。

▽ 在打开机箱之前，双手应该触摸一下地面或墙壁，释放身上的静电。拿主板和插卡时，应尽量拿卡的边缘，不要用手接触板卡的集成电路。

▽ 不要穿容易与地板、地毯摩擦产生静电的胶鞋在各类地毯上行走。脚上穿金属鞋能很好地释放人身上的静电，有条件的工作场所应采用防静电地板。

10.2.2 维护主要硬件设备

计算机的主要硬件设备除了显示器、鼠标与键盘外，几乎都存放在机箱中。本节就将详细介绍维护计算机主要硬件设备的方法与注意事项。

1. 维护与保养 CPU

计算机内部绝大部分数据的处理和运算都是通过 CPU 处理的。因此，CPU 的发热量很大，对 CPU 的维护和保养主要是做好相应的散热工作。

▽ CPU 散热性能的高低关键在于散热风扇与导热硅脂工作的好坏。若采用风冷式 CPU 散热，为了保证 CPU 的散热能力，应定期清理 CPU 散热风扇上的灰尘，如图 10-9 所示。

▽ 当发现 CPU 的温度一直过高时，就需要在 CPU 表面重新涂抹 CPU 导热硅脂，如图 10-10 所示。

图 10-9　CPU 散热风扇容易吸纳灰尘

图 10-10　重新涂抹导热硅脂

▽ 若 CPU 采用水冷散热器，在日常使用过程中，还需要注意观察水冷设备的工作情况，包括水冷头、水管和散热器等，如图 10-11 和图 10-12 所示。

图 10-11　CPU 水冷头和水管

图 10-12　水冷散热器

2. 维护与保养硬盘

随着硬盘技术的改进，其可靠性已大大提高，但如果不注意使用方法，也会引起故障。因此，对硬盘进行维护十分必要，具体方法如下。

▽ 环境温度和清洁条件：由于硬盘主轴电机是高速运转的部件，再加上硬盘是密封的，因此周围温度如果太高，热量散不出来，会导致硬盘产生故障；但如果温度太低，又会影响硬盘的读写效果。因此，硬盘工作的温度最好是在 20~30℃范围内。

▽ 防静电：硬盘电路中有些大规模集成电路是使用 MOS 工艺制成的，MOS 电路对静电特别敏感，易受静电感应而被击穿损坏，因此要注意防静电问题。由于人体常带静电，在安装或拆卸、维修硬盘时，不要用手触摸印制电路板上的焊点，如图 10-13 所示。当需要拆卸硬盘以便存储或运输时，一定要将其装入抗静电塑料袋。

計算机基础与实训教程系列

▽ 经常备份数据：由于硬盘中保存了很多重要的数据，因此要对硬盘上的数据进行保护。每隔一定时间对重要数据做一次备份，备份硬盘系统信息区以及 CMOS 设置，如图 10-14 所示。

图 10-13　防静电　　　　　　　　　图 10-14　经常备份数据

▽ 防磁场干扰：硬盘是通过对盘片表面磁层进行磁化来记录数据信息的，如果硬盘靠近强磁场，将有可能破坏磁记录，导致记录的数据遭受破坏。因此，必须注意防磁，以免丢失重要数据。在防磁的方法中，主要是避免靠近音箱、喇叭、电视机这类带有强磁场的物体。

▽ 整理碎片，预防病毒：定期对硬盘中的文件碎片进行整理；利用版本较新的防病毒软件对硬盘进行定期的病毒检测；从外来 U 盘中将信息复制到硬盘时，应先对 U 盘进行病毒检查，防止硬盘感染病毒。

计算机中的主要数据都保存在硬盘中，硬盘一旦损坏，会给用户造成很大的损失。硬盘安装在机箱的内部，一般不会随意移动，在拆卸时要注意以下几点。

▽ 在拆卸硬盘时，尽量在正常关机并等待磁盘停止转动后(听到硬盘的声音逐渐变小并消失)再进行移动。

▽ 在移动硬盘时，应用手捏住硬盘的两侧，尽量避免手与硬盘背面的印制电路板直接接触。注意轻拿轻放，尽量不要磕碰或者与其他坚硬物体相撞，如图 10-15 所示。

▽ 硬盘内部的结构比较脆弱，应避免擅自拆卸硬盘的外壳，如图 10-16 所示。

图 10-15　移动硬盘　　　　　　　　图 10-16　避免擅自拆卸硬盘的外壳

3. 维护与保养光驱

光驱是计算机中的读写设备，对光驱进行保养应注意以下几点。

▽ 光驱的主要作用是读取光盘，因此要提高光驱的寿命，首先应注意光盘的选择。尽量不要使用盗版或质量差的光盘，如果盘片质量差，激光头就需要多次重复读取数据，从而使工作时间加长，加快激光头的磨损，缩短光驱寿命，如图 10-17 所示。

▽ 光驱在使用过程中应保持水平放置，不能倾斜放置。

▽ 在使用完光驱后应立即关闭仓门，防止灰尘进入。

▽ 关闭光驱时应使用光驱前面板上的开关盒按键，切不可用手直接将其推入盘盒，以免损坏光驱的传动齿轮。

▽ 放置光盘的时候不要用手捏住光盘的反光面移动光盘，指纹有时会导致光驱的读写发生错误，如图 10-18 所示。

▽ 光盘不用时应从光驱中取出，否则会导致光驱负荷很重，缩短使用寿命。

▽ 尽量避免直接用光驱播放光盘，因为这样会大大加速激光头的老化，可将光盘中的内容复制到硬盘中进行播放。

图 10-17　选择高质量光盘

图 10-18　正确放置光盘

4. 维护与保养各种适配卡

主板和各种适配卡是机箱内部的重要配件，如内存、显卡、网卡等。这些配件由于都是电子元件，没有机械设备，因此在使用过程中几乎不存在机械磨损，维护起来也相对简单。对适配卡的维护主要涉及下面几项工作。

▽ 只有完全插入正确的插槽，才不会造成接触不良。如果扩展卡固定不牢(例如，与机箱固定的螺丝松动)，在使用计算机的过程中碰撞了机箱，就有可能造成扩展卡发生故障。出现这种问题后，只要打开机箱，重新安装一遍就可以解决问题。有时扩展卡的接触不良是因为插槽内积有过多灰尘，这时需要把扩展卡拆下来，然后用软毛刷擦掉插槽内的灰尘，重新安装即可，如图 10-19 所示。

▽ 如果使用时间比较长，扩展卡的接头会因为与空气接触而产生氧化，这时候需要把扩展卡拆下来，然后用软橡皮轻轻擦拭接头部位，将氧化物去除。在擦拭的时候应当非常小心，不要损坏接头部位，如图 10-20 所示。

计算机基础与实训教程系列

图 10-19　清理灰尘

图 10-20　擦拭接头部位

▽ 主板上的插槽有时会松动，造成扩展卡接触不良，这时候可以将扩展卡更换到其他同类型插槽上，继续使用。这种情况一般较少出现，也可以找经销商进行主板维修，如图 10-21 所示。

▽ 在主板的硬件维护工作中，如果每次开机都发现时间不正确，调整以后下次开机又不准了，这就说明主板的电池快没电了，这时就需要更换主板的电池。如果不及时更换主板的电池，电池电量全部用完后，CMOS 信息就会丢失。更换主板电池的方法比较简单，只要找到电池的位置，然后用一块新的纽扣电池替换原来的电池即可，如图 10-22 所示。

图 10-21　更换插槽

图 10-22　更换主板电池

5. 维护与保养显示器

显示器是比较容易损耗的器件，在使用时要注意以下几点。

▽ 避免屏幕内部烧坏：如果长时间不用，一定要关闭显示器，或者降低显示器的亮度，避免导致内部部件烧坏或老化。这种损坏一旦发生就是永久性的，无法挽回。

▽ 注意防潮：如果长时间不用显示器，可以定期通电工作一段时间，让显示器工作时产生的热量将机内的潮气蒸发掉。另外，不要让任何湿气进入显示器。发现有雾气，要用软布将其轻轻擦去，然后才能打开电源。

▽ 正确清洁显示器屏幕：如果发现显示屏的表面有污迹，可使用清洁液(或清水)喷洒在显示器表面，然后用软布轻轻地将其擦去(如图 10-23 和图 10-24 所示)。

图 10-23　清洁显示器

图 10-24　使用清洁液

▽ 避免冲击屏幕：显示器屏幕十分脆弱，所以要避免强烈的冲击和振动，还要注意不要对显示器表面施加压力。

▽ 切勿拆卸：一般用户尽量不要拆卸显示器。即使在关闭了很长时间以后，背景照明组件中的 CFL 换流器依旧可能带有大约 1000V 的高压，能够导致严重的人身伤害。

6. 维护与保养键盘

键盘是计算机最基本的部件之一，因此其使用频率较高。按键用力过大、金属物掉入键盘以及茶水溅入键盘内，都会造成键盘内部微型开关弹片变形或被灰尘油污锈蚀，出现按键不灵的现象。键盘的日常维护主要从以下几个方面考虑。

▽ PS2 接口的键盘在更换时，应切断计算机电源，并把键盘背面的选择开关置于当前计算机的相应位置。

▽ 电容式键盘因结构特殊，易出现计算机在开机时自检正常，但纵向、横向多个键同时不起作用，或局部多键同时失灵的故障。此时，应拆开键盘外壳，仔细观察失灵按键是否在同一行(或列)电路上。若失灵按键在同一行(列)电路上，且印制线路又无断裂，则是连接的金属线条接触不良所致。拆开键盘内部的电路板及薄膜基片，把两者连接的金属印制线条擦净，之后将两者吻合好，装好压条，压紧即可，如图 10-25 所示。

▽ 机械式键盘按键失灵，大多是金属触点接触不良，或因弹簧弹性减弱而出现重复。应重点检查维护键盘的金属触点和内部触点弹簧。

▽ 键盘内过多的尘土会妨碍电路正常工作，有时甚至会造成误操作。键盘的维护主要就是定期清洁表面的污垢，一般清洁可以用柔软干净的湿布擦拭键盘；对于顽固的污垢，可以先用中性的清洁剂擦除，再用湿布进行擦洗，如图 10-26 所示。

图 10-25　键盘的键位

图 10-26　清洗键盘表面

计算机基础与实训教程系列

▽ 大多数键盘没有防水装置，一旦有液体流进，便会使键盘受到损害，造成接触不良、腐蚀电路和短路等故障。当大量液体进入键盘时，应当尽快关机，将键盘接口拔下，打开键盘用干净吸水的软布擦干内部的积水，最后在通风处自然晾干即可。

▽ 大多数主板都提供了键盘开机功能。要正确使用这一功能，自己组装计算机时必须选用工作电流大的电源和工作电流小的键盘，否则容易导致故障。

7. 维护与保养鼠标

鼠标的维护是计算机外部设备维护工作中经常做的工作。使用光电鼠标时，要特别注意保持感光板的清洁和感光状态良好，避免污垢附着在发光二极管或光敏三极管上，遮挡光线的接收。无论在什么情况下，都要注意千万不要对鼠标进行热插拔，这样做极易把鼠标和鼠标接口烧坏。此外，鼠标能够灵活操作的一个条件是鼠标具有一定的悬垂度。长期使用后，随着鼠标底座四角的小垫层被磨低，导致鼠标悬垂度随之降低，鼠标的灵活性会有所下降。这时将鼠标底座四角垫高一些，通常就能解决问题。垫高的材料可以采用办公用的透明胶纸等，一层不行可以垫两层或更多层，直到感觉鼠标已经完全恢复灵活性为止，如图 10-27 所示。

垫脚

发光二极管

图 10-27　鼠标

8. 维护与保养电源

电源是容易被忽略但却非常重要的设备，它负责供应整台计算机所需的能量，一旦电源出现问题，整个系统都会瘫痪。电源的日常保养与维护主要就是清除除尘，可以使用吹气球一类的辅助工具从电源后部的散热口处清理电源的内部灰尘，如图 10-28 所示。为了防止因为突然断电对计算机电源造成损伤，还可以为电源配置 UPS(不间断电源)，如图 10-29 所示。这样即使断电，通过 UPS 供电，用户仍可正常关闭计算机电源。

图 10-28　清理电源中的灰尘　　　　图 10-29　UPS

10.2.3　维护常用外设

随着计算机技术的不断发展，计算机的外接设备(简称外设)也越来越丰富，常用的外接设备包括打印机、U 盘和移动硬盘等。本节就将介绍如何保养与维护这些计算机外接设备。

1. 维护与保养打印机

在打印机的使用过程中，经常对打印机进行维护，可以延长打印机的使用寿命，提高打印机的打印质量。对于针式打印机的保养与维护应注意以下几个方面的问题。

▽ 打印机必须放在平稳、干净、防潮、无酸碱腐蚀的工作环境中，并且应远离热源、震源和日光的直接照晒，如图 10-30 所示。

▽ 保持清洁，定期用小刷子或吸尘器清扫打印机内的灰尘和纸屑，经常用在稀释的中性洗涤剂中浸泡过的软布擦拭打印机机壳，以保持良好的清洁度，如图 10-31 所示。

图 10-30　放置打印机　　　　　　　　　　图 10-31　清洁打印机

▽ 在通电情况下，不要插拔打印机电缆，以免烧坏打印机与主机接口元件。插拔前一定要关掉主机和打印机电源。

▽ 正确使用操作面板上的进纸、退纸、跳行、跳页等按钮，尽量不要用手旋转手柄。

▽ 经常检查打印机的机械部分有无螺钉松动或脱落，检查打印机的电源和接口连接电线有无接触不良的现象。

▽ 电源线要有良好的接地装置，以防止静电积累和雷击烧坏打印通信口等。

▽ 应选择高质量的色带。色带是由带基和油墨制成的，高质量色带的带基没有明显的接痕，连接处是用超声波焊接工艺处理过的，油墨均匀；而低质量色带的带基则有明显的双层接头，油墨质量很差。

▽ 应尽量减少打印机空转，最好在需要打印时才打开打印机。

▽ 要尽量避免打印蜡纸。因为蜡纸上的石蜡会与打印机胶辊上的橡胶发生化学反应，使橡胶膨胀变形。

目前使用最为普遍的打印机类型为喷墨打印机与激光打印机两种。其中喷墨打印机的日常维护主要有以下几方面的内容。

▽ 内部除尘：喷墨打印机内部除尘时应注意不要擦拭齿轮，不要擦拭打印头和墨盒附近的区域；一般情况下不要移动打印头，特别是有些打印机的打印头处于机械锁定状态，用

手无法移动打印头，如果强行用力移动打印头，将造成打印机机械部分损坏；不能用纸制品清洁打印机内部，以免打印机内残留纸屑；不能使用挥发性液体清洁打印机，以免损坏打印机表面。

▽ 更换墨盒：更换墨盒时应注意不能用手触摸墨水盒出口处，以防杂质混入墨水盒，如图10-32所示。

图 10-32　更换打印机墨盒

▽ 清洗打印头：大多数喷墨打印机开机即会自动清洗打印头，并设有按钮对打印头进行清洗，具体清洗操作可参照喷墨打印机操作手册中的步骤进行。

激光打印机也需要定期清洁维护，特别是在打印纸上沾有残余墨粉时，必须清洁打印机内部。如果长期不对打印机进行维护，则会使打印机内污染严重。例如，电晕电极吸附残留墨粉、光学部件脏污、输纸部件积存纸尘而运转不灵等。这些严重污染不仅会影响打印质量，还会造成打印机故障。对激光打印机的清洁维护有如下方法。

▽ 内部除尘的主要对象有齿轮、导电端子、扫描器窗口和墨粉传感器等，如图10-33所示。在对这些设备进行除尘时可用柔软的干布进行擦拭。

▽ 外部除尘时可使用拧干的湿布擦拭，如果外表面较脏，可使用中性清洁剂；但不能使用挥发性液体清洁打印机，以免损坏打印机表面。

▽ 在对感光鼓及墨粉盒用油漆刷除尘时，应注意不能用坚硬的毛刷清扫感光鼓表面，以免损坏感光鼓表面膜，如图10-34所示。

图 10-33　打印机内部　　　　　　　　图 10-34　感光鼓

2. 维护与保养 U 盘和移动硬盘

目前主要的计算机移动存储设备包括 U 盘与移动硬盘，掌握维护与保养这些移动存储设备的方法，可以提高这些设备的使用可靠性，还能延长设备的使用寿命。

在日常使用 U 盘的过程中，用户应注意以下几点。

▽ 不要在 U 盘的指示灯闪烁时拔出 U 盘，因为这时 U 盘正在读取或写入数据，中途拔出可能会造成硬件和数据的损坏，如图 10-35 所示。

▽ 不要在文档备份完毕后立即关闭相关的程序，因为那时候 U 盘上的指示灯还在闪烁，说明程序还没完全结束，这时拔出 U 盘，很容易影响备份。所以，在将文件备份到 U 盘后，应过一些时间再关闭相关程序，以防意外。

▽ U 盘一般都有写保护开关，但应该在 U 盘插入计算机接口之前切换，不要在 U 盘处于工作状态时进行切换，如图 10-36 所示。

▽ 同样道理，在系统提示"无法停止"时也不要轻易拔出 U 盘，这样也会造成数据遗失。

▽ 注意将 U 盘放置在干燥的环境中，不要让 U 盘接口长时间暴露在空气中，否则容易造成表面金属氧化，降低接口敏感性。

▽ 不要将长时间不用的 U 盘插在 USB 接口上，否则一方面容易引起接口老化，另一方面对 U 盘也是一种损耗。

▽ U 盘的存储原理和硬盘有很大的不同，不要整理碎片，否则影响使用寿命。

▽ U 盘里可能会有 U 盘病毒，插入计算机时最好进行 U 盘杀毒。

图 10-35　U 盘指示灯　　　　　　　　　图 10-36　写保护开关

移动硬盘与 U 盘都属于计算机移动存储设备，在日常使用移动硬盘的过程中，用户应注意以下几点。

▽ 移动硬盘在工作时尽量保持水平，无抖动，如图 10-37 所示。

▽ 应及时移除移动硬盘，如图 10-38 所示。不少用户为了图省事，无论是否使用移动硬盘，都将它连接到计算机上。这样计算机一旦感染病毒，那么病毒就可能通过计算机的 USB 接口感染移动硬盘，从而影响移动硬盘的稳定性。

图 10-37　移动硬盘应保持水平放置　　　　图 10-38　移除移动硬盘

▽ 尽量使用主板上自带的 USB 接口，因为有的机箱前置接口和主板 USB 接针的连接很差，这也是造成 USB 接口出现问题的主要因素。

▽ 拔下移动硬盘前一定先停止设备，复制完文件就立刻直接拔下 USB 移动硬盘很容易引起文件复制错误，下次使用时就会发现文件复制不全或损坏，有时候遇到无法停止设备的时候，可以先关机再拔下移动硬盘。

▽ 使用移动硬盘时把皮套之类的影响散热的外皮全取下来。

▽ 为了供电稳定，双头线尽量都插上。

▽ 定期对移动硬盘进行碎片整理。

▽ 平时存放移动硬盘时注意防水(潮)、防磁、防摔。

10.3　维护计算机软件系统

操作系统是计算机运行的软件平台，系统的稳定直接关系到计算机的操作。下面主要介绍计算机系统的日常维护，包括关闭 Windows 防火墙、设置系统自动更新、禁用注册表等。

10.3.1　关闭 Windows 防火墙

操作系统安装完毕后，如果用户的系统中需要安装第三方防火墙，那么这个软件可能会与 Windows 自带的防火墙产生冲突，此时用户可关闭 Windows 防火墙。

【例 10-1】 关闭 Windows 操作系统的防火墙功能。 📹视频

(1) 单击【开始】按钮，选择【所有程序】|【附件】|【系统工具】|【控制面板】命令。然后在打开的【控制面板】窗口中，显示所有控制面板项，双击【Windows 防火墙】选项，打开【Windows 防火墙】窗口，并单击【打开或关闭 Windows 防火墙】选项，如图 10-39 所示。

(2) 打开【自定义设置】窗口，分别选中【家庭/工作(专用)网络位置设置】和【公用网络位置设置】设置组中的【关闭 Windows 防火墙(不推荐)】单选按钮，设置完成后单击【确定】按钮，如图 10-40 所示。

图 10-39　【Windows 防火墙】窗口

图 10-40　关闭 Windows 防火墙

(3) 返回【Windows 防火墙】窗口，即可看到 Windows 防火墙已经被关闭。

10.3.2　设置系统自动更新

Windows 操作系统提供了自动更新的功能，开启自动更新后，系统可随时下载并安装最新的官方补丁程序，以有效预防病毒和木马程序的入侵，维护系统的正常运行。

1. 开启 Windows 自动更新

在安装 Windows 操作系统的过程中，当进行到更新设置步骤时，如果用户选择了【使用推荐设置】选项，则 Windows 自动更新是开启的。如果选择了【以后询问我】选项，用户可在安装完操作系统后，手动开启 Windows 自动更新。

【例 10-2】　通过 Windows Update 窗口开启自动更新功能。🎬视频

(1) 单击【开始】按钮，选择【控制面板】命令，打开【控制面板】窗口，显示所有控制面板项，单击 Windows Update 选项，打开 Windows Update 窗口。

(2) 单击【更改设置】链接，打开【更改设置】窗口，在【重要更新】下拉列表中选择【自动安装更新(推荐)】选项，如图 10-41 所示。

(3) 选择完成后，单击【确定】按钮，完成自动更新的开启，如图 10-42 所示。此时，系统会自动开始检查更新，并安装最新的更新文件。

图 10-41　单击【更改设置】按钮

图 10-42　开启自动更新

(4) 完成以上操作后，当 Windows 系统搜索到更新文件后，便会打开相应的窗口并提示有需要更新的文件。

2. 配置 Windows 自动更新

用户可对自动更新进行自定义。例如，设置自动更新的频率，设置哪些用户可以进行自动更新等。

【例 10-3】　设置自动更新的时间为每周的星期日上午 8 点。🎬视频

(1) 单击【开始】按钮，选择【控制面板】命令，打开【控制面板】窗口，显示所有控制面板项，单击 Windows Update 选项，打开 Windows Update 窗口，如图 10-43 所示。

(2) 在 Windows Update 窗口中单击【更改设置】链接，打开【更改设置】窗口，单击【安装新的更新】下拉列表按钮，并在打开的下拉列表中选择【每星期日】选项。

計算机基础与实训教程系列

（3）接下来，单击【在(A)】下拉列表按钮，在打开的下拉列表中选择 8:00 选项，然后单击【确定】按钮即可，如图 10-44 所示。

图 10-43　Windows Update 窗口

图 10-44　完成自动更新的设置

3. 手动更新 Windows 操作系统

当 Windows 操作系统有更新文件时，用户也可以手动进行更新操作。步骤如下：

（1）打开 Windows Update 窗口，当系统有更新文件可以安装时，会在窗口右侧进行提示，单击补丁说明超链接，如图 10-45 所示。

（2）在打开的窗口中会显示可以安装的更新程序，选中要安装的更新文件前的复选框。单击【可选】标签，打开可选更新列表。对于可选更新列表中的更新文件，用户可以根据需要进行选择。选择完成后单击【确定】按钮，如图 10-46 所示。

图 10-45　单击补丁说明超链接

图 10-46　查看更新程序

（3）返回 Windows Update 窗口后，在其中单击【安装更新】按钮，如图 10-47 所示。

（4）在打开的窗口中选中【我接受许可条款】单选按钮，并单击【下一步】按钮，如图 10-48 所示。

图 10-47　单击【安装更新】按钮

图 10-48　接受许可条款

(5) 接下来，根据 Windows 更新提示逐步操作即可手动完成系统更新文件的安装。

10.3.3　禁用注册表

注册表是操作系统的大脑，如果注册表被错误修改，将会发生一些不可预知的错误，甚至导致系统崩溃。为了防止注册表被他人随意修改，用户可将注册表禁用，禁用后将不能再对注册表进行修改操作。

【例 10-4】　禁用 Windows 7 注册表。📹视频

(1) 单击【开始】按钮，打开【开始】菜单，在搜索框中输入命令 gpedit.msc，如图 10-49 所示。然后按下 Enter 键，打开【本地组策略编辑器】窗口。

(2) 在左侧的列表中依次展开【用户配置】|【管理模板】|【系统】选项。在右侧的列表中双击【阻止访问注册表编辑工具】选项，如图 10-50 所示。

图 10-49　输入命令

图 10-50　双击指定的选项

(3) 打开【阻止访问注册表编辑工具】对话框，选中【已启用】单选按钮，然后在【是否禁用无提示运行 regedit?】下拉列表中选择【是】选项，然后单击【确定】按钮，即可禁用注册表编辑器，如图 10-51 所示。

(4) 此时，用户再次试图打开注册表时，系统将提示注册表已被禁用，如图 10-52 所示。

图 10-51　禁用注册表编辑器

图 10-52　显示禁用提示

计算机基础与实训教程系列

10.4 备份数据和系统

计算机中对用户最重要的就是硬盘中的数据了，只要做好硬盘数据的备份，一旦发生数据丢失现象，用户就可通过数据还原功能，找回丢失的数据。另外，系统在运行的过程中难免会出现故障，Windows 7 系统自带了系统还原功能。

10.4.1 备份和还原数据

Windows 7 系统给用户提供了一个很好的数据备份功能，使用该功能用户可将硬盘中的重要数据存储为备份文件，当需要找回这些数据时，只需要将备份文件恢复即可。

1. 备份数据

用户可以通过 Windows 7 系统提供的数据备份功能，对有关数据进行备份。

【例 10-5】 使用 Windows 7 的数据备份功能。 视频

(1) 单击【开始】按钮，选择【控制面板】命令，如图 10-53 所示。打开【控制面板】窗口，显示所有控制面板项。

(2) 单击【操作中心】图标，打开【操作中心】窗口，如图 10-54 所示。

图 10-53 选择【控制面板】命令　　　　　图 10-54 单击【操作中心】图标

(3) 单击窗口左下角的【备份和还原】链接，再单击【设置备份】按钮，如图 10-55 所示。

(4) Windows 开始启动备份程序，如图 10-56 所示。

图 10-55 单击【设置备份】按钮　　　　　图 10-56 开始启动备份程序

(5) 稍后打开【设置备份】对话框，选择备份文件的存储位置，本例选择【本地磁盘(D:)】，然后单击【下一步】按钮，如图 10-57 所示。

(6) 打开【您希望备份哪些内容?】对话框，选中其中的【让我选择】单选按钮，然后单击【下一步】按钮，如图 10-58 所示。

图 10-57　选择备份文件的存储位置

图 10-58　选中【让我选择】单选按钮

(7) 在打开的对话框中选择要备份的文件，然后单击【下一步】按钮，如图 10-59 所示。

(8) 打开【查看备份设置】对话框，该对话框中显示了备份的相关信息，单击【更改计划】链接，如图 10-60 所示。

图 10-59　选择要备份的文件

图 10-60　单击【更改计划】链接

(7) 打开【您希望多久备份一次?】对话框，用户可设置备份文件的执行频率，设置完成后，单击【确定】按钮，如图 10-61 所示。

(8) 返回【查看备份设置】对话框，然后单击【保存设置并退出】按钮，系统开始对设定的数据进行备份，如图 10-62 所示。

图 10-61　设置备份文件的执行频率

图 10-62　单击【保存设置并退出】按钮

（7）单击窗口中的【查看详细信息】按钮，可查看当前的备份进程，如图 10-63 所示。

图 10-63　查看当前的备份进程

2. 还原数据

如果用户的硬盘数据被损坏或者被不小心删除，可以使用系统提供的数据还原功能来还原数据，前提是有数据的备份文件。

【例 10-6】　使用 Windows 7 的数据还原功能。　视频

（1）找到硬盘中存储的数据备份文件，双击将其打开，如图 10-64 所示。
（2）打开【Windows 备份】对话框，单击其中的【从此备份还原文件】按钮，如图 10-65 所示，打开【浏览或搜索要还原的文件和文件夹的备份】对话框。

图 10-64　双击打开备份文件　　　　　　图 10-65　单击【从此备份还原文件】按钮

（3）单击【浏览文件夹】按钮，如图 10-66 所示，打开【浏览文件夹或驱动器的备份】对话框。
（4）在该对话框中选择要还原的文件夹，然后单击【添加文件夹】按钮，如图 10-67 所示。

图 10-66　单击【浏览文件夹】按钮

图 10-67　单击【添加文件夹】按钮

(5) 返回【浏览或搜索要还原的文件和文件夹的备份】对话框，单击【下一步】按钮，如图 10-68 所示，打开【您想在何处还原文件？】对话框。

(6) 如果用户想在文件原来的位置还原文件，可选中【在原始位置】单选按钮，本例选中【在以下位置】单选按钮，如图 10-69 所示，然后单击【浏览】按钮，打开【浏览文件夹】对话框。

图 10-68　单击【下一步】按钮

图 10-69　选中【在以下位置】单选按钮

(7) 在该对话框中选择 D 盘，如图 10-70 所示。单击【确定】按钮，返回【您想在何处还原文件？】对话框。

(8) 单击【还原】按钮，开始还原文件，如图 10-71 所示。

图 10-70　选择 D 盘

图 10-71　单击【还原】按钮

计算机基础与实训教程系列

269

(9) 等待还原完毕，如图 10-72 所示，最后单击【关闭】按钮。

(10) 此时在 D 盘中即可看到已还原的文件，如图 10-73 所示。

图 10-72　还原进程

图 10-73　已还原的文件

10.4.2　备份和还原系统

　　系统在运行过程中有时会出现故障，Windows 7 系统自带了系统还原功能，当系统出现问题时，可以将系统还原到过去的某个状态，同时还不会丢失个人的数据文件。

1．创建还原点

　　要使用 Windows 7 的系统还原功能，首先系统要有一个可靠的还原点。在默认设置下，Windows 7 每天都会自动创建还原点，另外用户还可手工创建还原点。

【例 10-7】　在 Windows 7 中手工创建还原点。　　视频

(1) 在桌面上右击【计算机】图标，选择【属性】命令，如图 10-74 所示，打开【系统】窗口。

(2) 单击窗口左侧的【系统保护】链接，如图 10-75 所示，打开【系统属性】对话框。

图 10-74　选择【属性】命令

图 10-75　单击【系统保护】链接

　　(3) 在【系统保护】选项卡中，单击【创建】按钮，打开【创建还原点】对话框。在该对话框中输入还原点的名称，然后单击【创建】按钮，如图 10-76 所示。

图 10-76　创建还原点

(4) 系统开始创建还原点，创建完成后，单击【关闭】按钮，完成还原点的创建，如图 10-77 所示。

图 10-77　完成还原点的创建

2．还原系统

有了还原点后，当系统出现故障时，就可以利用 Windows 7 的系统还原功能，将系统恢复到还原点的状态。

【例 10-8】　在 Windows 7 中还原系统。视频

(1) 单击任务栏区域右边的小旗帜图标，在打开的面板中单击【打开操作中心】链接，如图 10-78 所示，打开【操作中心】窗口。

(2) 单击【恢复】链接，如图 10-79 所示，打开【恢复】窗口。

图 10-78　单击【打开操作中心】链接　　　图 10-79　单击【恢复】链接

计算机基础与实训教程系列

（3）单击【打开系统还原】按钮，如图 10-80 所示，打开【还原系统文件和设置】对话框。

（4）单击【下一步】按钮，如图 10-81 所示，打开【将计算机还原到所选事件之前的状态】对话框。

图 10-80　单击【打开系统还原】按钮

图 10-81　单击【下一步】按钮

（5）在该对话框中选择一个还原点，单击【下一步】按钮，如图 10-82 所示。

（6）打开【确认还原点】对话框，要求用户确认所选的还原点，单击【完成】按钮，如图 10-83 所示。

图 10-82　单击【下一步】按钮

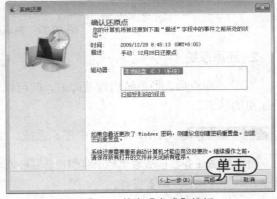

图 10-83　单击【完成】按钮

（7）在打开的提示框中，单击【是】按钮，开始还原系统，如图 10-84 所示。

图 10-84　开始还原系统

（8）稍后系统自动重新启动，并开始进行还原操作，如图 10-85 所示。

（9）当系统重新启动后，如果还原成功，将弹出提示框，单击【关闭】按钮，完成系统还原操作，如图 10-86 所示。

图 10-85　重启系统

图 10-86　单击【关闭】按钮

10.5　实例演练

本章的实例演练主要使用 360 杀毒软件对计算机查杀病毒，计算机染上病毒，不但会影响计算机的正常运行，使速度变慢，严重的时候还会造成整个计算机彻底崩溃，使用 360 杀毒软件可以轻松查杀病毒，维护计算机的安全。

【例 10-9】　使用 360 杀毒软件查杀计算机中的病毒。　视频

(1) 打开 360 杀毒软件，单击【快速扫描】按钮，如图 10-87 所示。

(2) 360 杀毒软件只对系统设置、常用软件、内存活跃程序、开机启动项及系统关键位置等进行病毒查杀，如图 10-88 所示。

图 10-87　单击【快速扫描】按钮

图 10-88　进行病毒查杀

(3) 病毒查杀结束后，如果未发现病毒，软件会提示"本次扫描未发现任何安全威胁"，如图 10-89 所示。

(4) 如果发现安全威胁，选中威胁对象前对应的复选框，单击【立即处理】按钮，360 杀毒软件将自动处理病毒文件，如图 10-90 所示。

计算机基础与实训教程系列

图 10-89　未发现病毒

图 10-90　选中并处理病毒

(5) 处理完成后，单击【确认】按钮，完成本次病毒查杀，如图 10-91 所示。

(6) 360 杀毒软件提示"已成功处理所有发现的项目"，单击【立即重启】按钮，如图 10-92 所示。

图 10-91　单击【确认】按钮

图 10-92　单击【立即重启】按钮

10.6　习题

1. 简述如何维护与保养硬盘。
2. 简述计算机的正确使用习惯。
3. 如何备份和还原系统？

第11章
排除常见计算机故障

在使用计算机的过程中，偶尔会因为硬件自身问题或操作不当等原因出现或多或少的故障。用户如果能迅速找出产生故障的具体位置，并妥善解决故障，就可以延长计算机的使用寿命。本章将介绍计算机的常见故障以及解决故障的方法和技巧。

本章重点

- 计算机的常见故障
- 常见系统故障的诊断思路

- 操作系统常见故障的处理
- 计算机硬件设备的常见故障

11.1　分析常见的计算机故障

认识计算机的故障现象既是正确判断计算机故障位置的第一步，也是分析计算机故障原因的前提。因此，用户在学习计算机维修之前，应首先了解本节介绍的计算机常见故障现象和故障表现状态。

11.1.1　常见计算机故障现象

计算机在出现故障时通常表现为花屏、蓝屏、黑屏、死机、自动重启、自检报错、启动缓慢、关闭缓慢、软件运行缓慢和无法开机等现象，具体表现如下所述。

▽ 花屏：计算机花屏现象一般在启动和运行软件时出现，表现为显示器显示图像错乱，如图 11-1 所示。

▽ 蓝屏：计算机显示器出现蓝屏现象，并且在蓝色屏幕上显示英文提示。蓝屏故障通常发生在计算机启动、关闭或运行某个软件时，并且常常伴随着死机现象出现，如图 10-2 所示。

图 11-1　花屏故障　　　　　　　　　　　　　　图 11-2　蓝屏故障

▽ 黑屏：计算机黑屏现象通常表现为计算机显示器突然关闭，或在正常工作状态下显示关闭状态(不显示任何画面)。

▽ 死机：计算机死机是最常见的计算机故障现象之一，主要表现为计算机锁死，使用键盘、鼠标或其他设备对计算机进行操作时，计算机没有任何回应。

▽ 自动重启：计算机自动重启故障通常在运行软件时发生，一般表现为在执行某项操作时，计算机突然出现非正常提示(或没有提示)，然后自动重新启动。

▽ 自检报错：启动计算机时主板 BIOS 报警，一般表现为笛声提示。例如，计算机启动时长时间不断地鸣叫，或者反复长声鸣叫等。

▽ 启动缓慢：计算机启动时等待时间过长，启动后系统软件和应用软件运行缓慢。

▽ 关闭缓慢：计算机关闭时等待时间过长。

▽ 软件运行缓慢：计算机在运行某个应用软件时，软件工作状态异常缓慢。

▽ 无法开机：计算机无法开机故障主要表现为在按下计算机启动开关后，计算机无法加电启动。

11.1.2　常见故障处理原则

当计算机出现故障后不要着急，应首先通过一些检测操作与使用经验来判断故障发生的原因。在判断故障原因时，用户应首先明确两点：第一，不要怕；第二，要理性地处理故障。

▽ 不要怕就是要敢于动手排除故障，很多用户认为计算机是电子设备，不能随便拆卸，以免触电。其实计算机输入电源只有 220 V 的交流电，而计算机电源输出的用于给其他各部件供电的直流电源最高仅为 12V。因此，除了在修理计算机电源时应小心谨慎防止触电外，拆卸计算机主机内部其他设备是不会对人体造成任何伤害的，相反，人体带有的静电却有可能把计算机主板和芯片击穿并造成损坏。

▽ 所谓理性地处理故障就是要尽量避免随意地拆卸计算机。正确解决计算机故障的方法是：首先，根据故障特点和工作原理进行分析、判断；然后，逐个排除怀疑有故障的计算机设备或部件。操作的要点是：在排除怀疑对象的过程中，要留意原来的计算机结构和状态，即使故障暂时无法排除，也要确保计算机能够恢复原来状态，尽量避免故障范围的扩大。

计算机故障的具体排除原则有以下 4 条。

▽ 先软后硬的原则：当计算机出现故障时，首先应检查并排除计算机软件故障，然后通过检测手段逐步分析计算机硬件部分可能导致故障的原因。例如，计算机不能正常启动，要首先根据故障现象或计算机的报错信息判断计算机是启动到什么状态才死机的。然后分析导致死机的原因是系统软件的问题、主机(CPU、内存等)硬件的问题，还是显示系统的问题，如图 11-3 和图 11-4 所示。

图 11-3　检测软件故障

图 11-4　检测硬件故障

▽ 先外设后主机的原则：如果计算机系统的故障表现在某种外设上，例如，当用户遇到计算机不能打印文件、不能上网等故障时，应遵循先外设后主机的故障处理原则。先利用外部设备本身提供的自检功能或计算机系统内安装的设备检测功能检查外设本身是否工作正常，然后检查外设与计算机的连接以及相关的驱动程序是否正常，最后检查计算机本身相关的接口或主机内的各种板卡设备，如图 11-5 所示。

▽ 先电源后负载的原则：计算机电源是机箱内部各部件(如主板、硬盘、软驱、光驱等)的动力来源，电源的输出电压正常与否直接影响到相关设备的正常运行。因此，当出现上

述设备工作不正常时，应首先检查电源是否工作正常，如图 11-6 所示，然后检查设备本身。

图 11-5　检查计算机本身相关的接口　　　　图 11-6　检查计算机电源

▽ 先简单后复杂的原则：所谓先简单后复杂的原则，指的是用户在处理计算机故障时应先解决简单容易的故障，后解决难度较大的问题。这样做是因为，在解决简单故障的过程中，难度大的问题往往也可能变得容易解决，在排除简易故障时也容易得到难处理故障的解决线索。

11.2　处理操作系统故障

虽然如今的 Windows 系列操作系统在运行时相对较稳定，但在使用过程中还是会碰到一些系统故障，影响用户的正常使用。本节就将介绍一些常见系统故障的处理方法。此外，在处理系统故障时应掌握举一反三的技巧，这样当遇到一些类似故障时也能轻松解决。

11.2.1　诊断系统故障的方法

下面先分析导致 Windows 系统出现故障的一些具体原因，帮助用户理顺诊断系统故障的思路。

1. 软件导致的故障

有些软件的程序编写不完善，在安装或卸载时会修改 Windows 系统设置，或者误将正常的系统文件删除，导致 Windows 系统出现问题。

软件与 Windows 系统、软件与软件之间也易发生兼容性问题。若发生软件冲突、与系统兼容的问题，只要将其中一个软件退出或卸载即可；若杀毒软件导致系统无法正常运行，可以试试关闭杀毒软件的监控功能。此外，用户应该熟悉自己安装的常用工具的设置，避免无谓的假故障。

2. 病毒、恶意程序入侵导致故障

有很多恶意程序、病毒、木马会通过网页、捆绑安装软件的方式强行或秘密入侵用户的计算

机，然后强行修改用户的浏览器主页、软件自动启动选项、安全选项等设置，并且强行弹出广告，或者做出其他干扰用户操作、大量占用系统资源的行为，导致 Windows 系统发生各种各样的错误和问题。例如，无法上网、无法进入系统、频繁重启、很多程序打不开等。

要避免这些情况的发生，用户最好安装 360 安全卫士，再加上网络防火墙和病毒防护软件。如果计算机已经被感染，则使用杀毒软件进行查杀。

3. 过分优化 Windows 系统

如果用户对系统不熟悉，最好不要随便修改 Windows 系统的设置。使用优化软件前，要备份系统设置，再进行系统优化，如图 11-7 所示。

4. 使用了修改过的 Windows 系统

外面流传着大量民间修改过的精简版 Windows 系统、GHOST 版 Windows 系统，如图 11-8 所示。这类被精简修改过的 Windows 系统普遍删除了一些系统文件，精简了一些功能，有些甚至还集成了木马、病毒，为病毒入侵留有系统后门。如果安装了这样的 Windows 系统，安全性是得不到保障的，建议用户安装原版 Windows 和补丁。

图 11-7　备份系统设置

图 11-8　修改过的 Windows 系统

5. 硬件驱动有问题

如果安装的硬件驱动没有经过微软 WHQL 认证或者驱动编写不完善，也会造成 Windows 系统故障，如蓝屏、无法进入系统，CPU 占用率高达 100%等。如果因为驱动的问题进不了系统，可以进入安全模式将驱动卸载，然后重装正确的驱动即可。

11.2.2　Windows 系统使用故障

本节将介绍在使用 Windows 系列操作系统时，可能会遇到的一些常见软件故障以及故障的处理方法。

1. 不显示音量图标

▽ 故障现象：每次启动系统后，系统托盘里总是不显示音量图标。需要进入控制面板的【声音和音频设备属性】对话框，将已经选中的【将音量图标放入任务栏】复选框取消选中后再重新选中，音量图标才会出现。

▽ 故障原因：曾用软件删除过启动项目，不小心删除了音量图标的启动。

▽ 解决方法：打开注册表编辑器，依次展开 HKEY_LOCAL_MACHINE\SOFTWARE\Microsoft\Windows\CurrentVersion\Run。然后在右侧的窗口中右击，新建一个字符串值 Systray，双击键值，编辑为 c:\windows\system32\Systray.exe，然后重启计算机，让系统在启动的时候自动加载 systray.exe。

2. 不显示【安全删除硬件】图标

▽ 故障现象：在插入移动硬盘、U 盘等 USB 设备时，系统托盘里会显示【安全删除硬件】图标。现在插入 USB 设备后，不显示【安全删除硬件】图标。

▽ 故障原因：系统中与 USB 端口有关的系统文件受损，或者 USB 端口的驱动程序受到破坏。

▽ 解决方法：删除 USB 设备的驱动后，重新安装。

3. 不显示系统桌面

▽ 故障现象：启动 Windows 操作系统后，桌面上没有任何图标。

▽ 故障原因：大多数情况下，桌面图标无法显示是由于系统启动时无法加载 explorer.exe，或者 explorer.exe 文件被病毒、广告破坏。

▽ 解决方法：手动加载 explorer.exe 文件，打开注册表编辑器，展开 HKEY_LOCAL_MACHINE\SOFTWARE\Microsoft\WindowsNT\CurrentVersion\Winlogon\Shell，如果没有 explorer.exe，可以按照这个路径在 shell 后新建 explorer.exe。从其他计算机上复制 explorer.exe 文件到本机，然后重启计算机即可。

4. 找不到 rundll32.exe 文件

▽ 故障现象：启动系统、打开控制面板以及启动各种应用程序时，提示"rundll32.exe 文件找不到"或"rundll32.exe 找不到应用程序"。

▽ 故障原因：rundll32.exe 用于需要调用 DLL 的程序。rundll32.exe 对于 Windows XP 系统的正常运行是非常重要的。但 rundll32.exe 很脆弱，容易受到病毒的攻击，杀毒软件也会误将 rundll32.exe 删除，导致丢失或损坏 rundll32.exe 文件。

▽ 解决方法：将 Windows XP 的安装光盘放入光驱，在【运行】对话框中输入 expand X:\i386\rundll32.ex_ c:\windows\system32\rundll32.exe 命令(其中的 X:是光驱的盘符)，然后重新启动即可。

5. 无法打开磁盘分区

▽ 故障现象：双击磁盘盘符打不开，只有右击磁盘盘符，在弹出的菜单中选择【打开】命令才能打开。

▽ 故障原因：打不开磁盘分区可主要从以下两方面分析——有可能硬盘感染病毒，如果没有感染病毒，则可能是 explorer.exe 文件出错，需要重新编辑。

▽ 解决方法：更新杀毒软件的病毒库到最新，然后重新启动计算机进入安全模式查杀病毒。接着在各磁盘分区的根目录中查看是否有 autorun.ini 文件，如果有，手工删除。

11.3　处理计算机的硬件故障

计算机硬件故障包括主板故障、内存故障、CPU 故障、硬盘故障等计算机硬件设备出现的各种故障。下面将介绍硬件故障的常见分类、检测方法和解决方法。

11.3.1　硬件故障的常见分类

硬件故障是指因计算机硬件中的元器件损坏或性能不稳定而引起的计算机故障。造成硬件故障的原因包括元器件故障、机械故障和存储器故障 3 种，具体如下。

▽ 元器件故障：元器件故障主要是由板卡上的元器件、接插件和印制电路板等引起的，如图 11-9 所示。例如，主板上的电阻、电容、芯片等发生损坏即为元器件故障；PCI 插槽、AGP 插槽、内存条插槽和显卡接口等发生损坏即为接插件故障；印制电路板发生损坏即为印制电路板故障。如果元器件和接插件出了问题，可以通过更换的方法排除故障，但需要专用工具。如果是印制电路板的问题，维修起来相对困难。

▽ 机械故障：机械故障不难理解。例如，硬盘使用时产生共振，硬盘的磁头发生偏转或者人为的物理破坏等。

▽ 存储器故障：存储器故障是指由于使用频繁等原因使外存储器磁道损坏，或因为电压过高造成的存储芯片烧掉等，这类故障通常也发生在硬盘、光驱以及一些板卡上，如图 11-10 所示。

图 11-9　元器件故障

图 11-10　存储器故障

11.3.2　硬件故障的检测方法

1. 直觉法

直觉法就是通过人的感觉器官(如手、眼、耳、鼻等)来判断产生故障的原因，在检测计算机

计算机基础与实训教程系列

硬件故障时，直觉法是一种十分简单而有效的方法。

▽ 计算机上一般器件发热的正常温度在器件外壳上都不会很高，若用手触摸感觉太烫手，那么元器件可能就会有问题，如图 11-11 所示。

▽ 通过眼睛来观察印制电路板上是否有断线或残留杂物，用眼睛可以看出明显的短路现象，可以看出芯片的明显断针，可以通过观察一些元器件的表面是否有焦黄色、裂痕和烧焦的颜色，从而诊断出计算机故障，如图 11-12 所示。

图 11-11　用手触摸

图 11-12　通过眼睛来观察

▽ 通过耳朵可以听出计算机报警声，从报警声诊断出计算机故障。在计算机启动时如果检测到故障，计算机主板会发出报警声，通过分析这种声音的长短可以判断计算机硬件故障的位置(主板不同，报警声也有一些小的差别，目前最常见的主板 BIOS 有 AMI BIOS 和 Award BIOS 两种，用户可以查看它们各自的报警声说明来判断出主板报警声所代表的提示含义)。

▽ 通过鼻子可以判断计算机硬件故障的位置。若内存条、主板、CPU 等设备由于电压过高或温度过高之类的问题被烧毁，用鼻子闻一下计算机主机内部可以快速诊断出被烧毁硬件的具体位置。

2. 对换法

对换法指的是如果怀疑计算机中的某个部件(如 CPU、内存和显卡)有问题，可以从其他工作正常的计算机中取出相同的部件与之互换，然后通过开机后的状态判断该部件是否存在故障。具体方法是：在断电情况下，从故障计算机中拆除怀疑存在故障的部件，然后与另一台正常计算机上的同类部件对换，在开机后如果故障计算机恢复正常工作，就证明被替换的部件存在问题。反之，应重新检测计算机硬件故障的具体位置。

3. 手压法

手压法是指利用手掌轻轻敲击或压紧可能出现故障的计算机插件或板卡，通过重新启动后的计算机状态来判断故障所在的位置。应用手压法可以检测显示器、鼠标、键盘、内存、显卡等设备导致的计算机硬件故障，如图 11-13 所示。例如，计算机在使用过程中突然出现黑屏故障，重启后恢复正常，这时用手把显示器接口和显卡接口压紧，则有可能排除故障。

4. 软件检测法

软件诊断法指的是通过故障诊断软件来检测计算机硬件故障，主要有两种方式：一种是通过 ROM 开机自检程序检测(例如，从 BIOS 参数中可检测硬盘、CPU、主板等信息)或在计算机开机过程中观察内存、CPU、硬盘等设备的信息，判断计算机硬件故障。另一种诊断方式则是使用计算机软件故障诊断程序进行检测(这种方式要求计算机能够正常启动)，如图 11-14 所示。

图 11-13　压紧显卡接口

图 11-14　系统诊断

11.3.3　解决常见的主板故障

在计算机的所有配件中，主板是决定计算机整体性能的一个关键部件，好的主板可以让计算机更稳定地发挥系统性能，反之，系统则会变得不稳定。下面就以主板故障现象分类，介绍排除主板故障的方法。

1. 主板常见故障——接口损坏

▽　故障现象：主板 COM 口或并行口、IDE 口损坏，如图 11-15 所示。

▽　故障原因：出现此类故障一般是由于用户带电插拔相关硬件造成的。

▽　解决方法：用户可以用多功能卡代替主板上的 COM 和并行口，但要注意在代替之前必须先在 BIOS 设置中关闭主板上预设的 COM 口与并行口(有的主板连 IDE 口都要禁止才能正常使用多功能卡)，如图 11-16 所示。

图 11-15　主板接口

图 11-16　更换接口

2. 主板常见故障——BIOS 电池失效

▽　故障现象：BIOS 设置不能保存。

▽　故障原因：此类故障一般是由主板 BIOS 电池电压不足造成的。

▽ 解决方法：将 BIOS 电池更换即可。若在更换 BIOS 电池后仍然不能解决问题，则有以下两种可能。主板电路问题，需要主板生产厂商的专业主板维修人员维修；主板 CMOS 跳线问题，或是因为设置错误，将主板上的 BIOS 跳线设为清除选项，使得 BIOS 数据无法保存。

3. 主板常见故障——驱动兼容问题

▽ 故障现象：安装主板驱动程序后出现死机或光驱读盘速度变慢的现象。

▽ 故障原因：若用户的计算机使用的是非品牌主板，则可能出现此类现象(将主板驱动程序安装完之后，重新启动计算机不能以正常模式进入 Windows 系统的桌面，而且主板驱动程序在 Windows 系统中不能卸载，用户不得不重新安装系统)。

▽ 解决方法：更换主板。

4. 主板常见故障——设置 BIOS 时死机

▽ 故障现象：计算机频繁死机，即使在设置 BIOS 时也会出现死机现象。

▽ 故障原因：在 BIOS 设置界面中出现死机故障，原因一般为主板或 CPU 存在问题。

▽ 解决方法：更换主板、CPU、CPU 散热器，如图 11-17 所示，或者在 BIOS 设置中将 CACHE 选项禁用。

图 11-17　更换配件

5. 主板常见故障——BIOS 设置错误

▽ 故障现象：计算机开机后，显示器在显示"Award Soft Ware，Inc System Configurations"时停止启动。

▽ 故障原因：这是由于 BIOS 设置不当造成的。BIOS 设置的 PNP/PCI CONFIGURATION 栏目的 PNP OS INSTALLED(即插即用)项目一般有 YES 和 NO 两个选项，造成上述故障的原因就是由于将即插即用选项设为 YES。

▽ 解决方法：使用 BIOS 出厂默认设置或关闭 BIOS 设置中的即插即用功能。

11.3.4　解决常见的 CPU 故障

CPU 是计算机的核心设备，当 CPU 出现故障时计算机将会出现黑屏、死机、软件运行缓慢等现象。用户在处理 CPU 故障时可以参考下面介绍的故障原因进行分析和维修。

1. CPU 温度问题

▽　故障现象：CPU 温度过高导致的故障(死机、软件运行速度慢或黑屏等)。

▽　故障原因：随着工作频率的提高，CPU 产生的热量也越来越高。CPU 是计算机中发热量最大的配件，如果 CPU 散热器的散热能力不强，产生的热量不能及时散发掉，CPU 就会长时间工作在高温状态下，由半导体材料制成的 CPU，如果核心工作温度过高，就会产生电子迁移现象，同时也会造成计算机运行不稳定、运算出错或死机等现象。长期在过高的温度下工作还会造成 CPU 永久性损坏。CPU 的工作温度一般可通过主板监控功能获得，而且一般情况下 CPU 的工作温度比环境温度高 40℃以内都属于正常范围，但要注意的是准确度并不是很高，在 BIOS 中查看到的 CPU 温度只能供参考。CPU 核心的准确温度一般无法测量。

▽　解决方法：更换 CPU 风扇，如图 11-18 所示，或利用软件(如"CPU 降温圣手")降低 CPU 的工作温度。

图 11-18　更换风扇

2. CPU 超频问题

▽　故障现象：CPU 超频导致的故障(计算机不能启动或频繁自动重启)。

▽　故障原因：CPU 超频会导致 CPU 的使用寿命缩短，因为 CPU 超频会产生大量的热量，使 CPU 温度升高，从而导致"电子迁移"效应(为了超频，很多用户通常会提高 CPU 的工作电压，这样 CPU 在工作时产生的热量会更大)。并不是热量直接伤害 CPU，而是由于过热导致的"电子迁移"效应会损坏 CPU 内部的芯片。通常人们所说的 CPU 超频烧掉了，严格地讲，原因就在于 CPU 高温导致的"电子迁移"效应。

▽　解决方法：更换大功率的 CPU 风扇或对 CPU 进行降频处理。

3. CPU 引脚氧化

▽ 故障现象：平日使用一直正常，有一天突然无法开机，屏幕提示无显示信号输出。

▽ 故障原因：使用对换法检测硬件发现显卡和显示器没有问题，怀疑是 CPU 出现问题。拔下插在主板上的 CPU，仔细观察并无烧毁痕迹，但是无法点亮机器。后来发现 CPU 的针脚均发黑、发绿，有氧化的痕迹和锈迹。

▽ 解决方法：使用牙刷和镊子等工具对 CPU 针脚进行修复工作。

4. CPU 降频问题

▽ 故障现象：开机后发现 CPU 频率降低了，显示信息为 "Defaults CMOS Setup Loaded"，并且重新设置 CPU 频率后，该故障还时有发生。

▽ 故障原因：这是由于主板电池出了问题，CPU 电压过低。

▽ 解决方法：关闭计算机电源，更换主板电池，然后在开机后重新在 BIOS 中设置 CPU 参数。

5. CPU 松动问题

▽ 故障现象：检测不到 CPU 而无法启动计算机。

▽ 故障原因：检查 CPU 是否插入到位，特别是采用 Slot 插槽的 CPU 在安装时不容易到位。

▽ 解决方法：重新安装 CPU，并检查 CPU 插座的固定杆是否完全固定。

11.3.5 解决常见的内存故障

内存作为计算机的主要配件之一，性能的好坏与否直接关系到计算机是否能够正常稳定地工作。本节将总结一些在实际操作中常见的内存故障及故障解决方法，为用户在实际维修工作中提供参考。

1. 内存条接触不良

▽ 故障现象：有时打开计算机电源后显示器无显示，并且听到持续的蜂鸣声。有的计算机会表现为不断重启。

▽ 故障原因：此类故障一般是由于内存条和主板内存槽接触不良引起的。

▽ 解决方法：拆下内存条，用橡皮擦来回擦拭金手指部位，然后重新插到主板上。如果多次擦拭内存条上的金手指并更换了内存槽，故障仍不能排除，则可能是内存条损坏，此时可以更换内存条来试试，或者将本机上的内存条换到其他计算机上进行测试，以便找出问题所在，如图 11-19 所示。

2. 内存条的金手指老化

▽ 故障现象：内存条的金手指出现老化、生锈现象。

▽ 故障原因：内存条的金手指镀金工艺不佳或经常拔插内存，导致金手指在使用过程中因为接触空气而出现氧化生锈现象，从而导致内存条与主板上的内存插槽接触不良，造成计算机在开机时不启动并发出主板报警的故障。

▽ 解决方法：用橡皮把金手指上面的锈斑擦去即可，如图 11-20 所示。

图 11-19　重新安装内存条

图 11-20　擦去锈斑

3. 内存条的金手指烧毁

▽ 故障现象：内存条的金手指发黑，无法正常使用内存，如图 11-21 所示。

▽ 故障原因：一般情况下，造成内存条的金手指被烧毁的原因多数都是用户在故障排除过程中，因为没有将内存条完全插入主板插槽就启动计算机或带电拔插内存条，造成内存条的金手指因为局部电流过强而烧毁。

▽ 解决方法：更换内存。

4. 内存插槽损坏

▽ 故障现象：无法将内存条正常插入内存插槽。

▽ 故障原因：内存插槽内的簧片因非正常安装而出现脱落、变形、烧灼等现象，容易造成内存条接触不良，如图 11-22 所示。

▽ 解决方法：使用其他正常内存插槽或更换计算机主板。

图 11-21　金手指烧毁

图 11-22　内存插槽损坏

5. 内存条温度过高

▽ 故障现象：正常运行计算机时突然出现提示"内存不可读"，并且在天气较热的时候出现该故障的概率较大。

▽ 故障原因：由于天气热时出现该故障的概率较大，因此可判断一般是由于内存条过热而导致工作不稳定造成的。

计算机基础与实训教程系列

▽ 解决方法：自己动手加装机箱风扇，加强机箱内部的空气流通，还可以为内存条安装铝制或铜制散热片。

11.3.6 解决常见的硬盘故障

硬盘是计算机的主要部件，了解硬盘的常见故障有助于避免硬盘中重要的数据丢失。本节总结一些在实际操作中常见的硬盘故障及故障解决方法，为用户在实际维修工作中提供参考。

1. 硬盘连接线故障

▽ 故障现象：系统不识别硬盘(系统从硬盘无法启动，使用 CMOS 中的自动检测功能也无法检测到硬盘)。

▽ 故障原因：这类故障大多出在硬盘连接电缆或数据线端口上，硬盘本身发生故障的可能性不大，用户可以通过重新插接硬盘电源线或改换数据线检测该故障的具体位置(如果计算机上新安装的硬盘出现该故障，最常见的故障原因就是硬盘上的主从跳线设置错误)。

▽ 解决方法：在确认硬盘上的主从跳线没有问题的情况下，用户可以通过更换硬盘电源线或数据线解决此类故障。

2. 硬盘无法启动故障

▽ 故障现象：硬盘无法启动。

▽ 故障原因：造成这类故障的原因通常有主引导程序损坏、分区表损坏、分区有效位错误或 DOS 引导文件损坏。

▽ 解决方法：在通过修复硬盘引导文件无法解决问题时，可以通过软件(如 PartitionMagic 或 FDISK 等)修复损坏的硬盘分区来排除此类故障。

3. 硬盘老化

▽ 故障现象：硬盘出现坏道。

▽ 故障原因：硬盘老化或受损是造成该故障的主要原因。

▽ 解决方法：更换硬盘。

4. 硬盘病毒破坏

▽ 故障现象：无论使用什么设备都不能正常引导系统。

▽ 故障原因：这种故障一般是由于硬盘被病毒的"逻辑锁"锁住造成的，硬盘逻辑锁是一种很常见的病毒恶作剧手段。中了逻辑锁之后，无论使用什么设备都不能正常引导系统(甚至通过光驱、挂双硬盘都无法引导计算机启动)。

▽ 解决方法：利用专用软件解开逻辑锁后，查杀计算机病毒。

5. 硬盘主扇区损坏

▽ 故障现象：开机时硬盘无法自检启动，启动画面提示无法找到硬盘。

▽ 故障原因：产生这种故障的主要原因是硬盘主引导扇区数据被破坏，具体表现为硬盘主引导标志或分区标志丢失。产生这种故障的主要原因往往是病毒将错误的数据覆盖到了主引导扇区中。

▽ 解决方法：利用专用软件修复硬盘。

11.4   实例演练

本章的实例演练总结实际操作中显示器、键盘、鼠标以及声卡等硬件设备的常见故障及故障解决方法，为用户在实际维修工作中提供参考。

1. 显示器显示偏红

▽ 故障现象：显示器无论是启动还是运行都偏红。

▽ 故障原因：可以检查计算机附近是否有磁性物品，或者检查显示屏与主板的数据线是否松动。

▽ 解决方法：检查并更换显示器信号线。

2. 显示器显示模糊

▽ 故障现象：显示器显示模糊，尤其是显示汉字时不清晰。

▽ 故障原因：由于显示器只能支持"真实分辨率"，而且只有在这种真实分辨率下才能显现最佳影像。当设置为真实分辨率以外的分辨率时，屏幕会显示不清晰甚至产生黑屏故障。

▽ 解决方法：调整显示分辨率为显示器的"真实分辨率"。

3. 键盘自检报错

▽ 故障现象：键盘自检出错，屏幕显示 keyboard error Press F1 Resume 出错信息。

▽ 故障原因：造成故障的可能原因包括键盘接口接触不良、键盘硬件故障、键盘软件故障、信号线脱焊、病毒破坏和主板故障等。

▽ 解决方法：当出现自检错误时，可关机后拔插键盘与主机接口的插头，并检查信号线是否虚焊，检查是否接触良好后再重新启动系统。如果故障仍然存在，可用对换法换用正常的键盘与主机相连，再开机试验。若故障消失，则说明键盘自身存在硬件问题，可对其进行检修；若故障依旧，则说明是主板接口问题，必须检修或更换主板。

4. 声卡没有声音

▽ 故障现象：计算机无法发出声音。

▽ 故障原因：可能是由于耳机或音箱没有连接正确的音频输出接口。若连接正确，则检查是否打开了音箱或耳机开关。

▽ 解决方法：重新连接正确的音频输出接口，并打开音箱或耳机开关。

5. 无法上网

▽ 故障现象：无法上网，任务栏中没有显示网络连接图标。

▽ 故障原因：这是由于没有安装网卡驱动程序造成的。

▽ 解决方法：安装网卡驱动程序。

6. 显示不正常

▽ 故障现象：显示器显示颜色不正常。

▽ 故障原因：显卡与显示器信号线接触不良，显示器故障，显卡损坏，显示器被磁化(此类现象一般是与有磁性的物体距离过近所致，磁化后还可能会引起显示画面偏转的现象)。

▽ 解决方法：重新连接显示器信号线，更换显示器进行测试。

7. 计算机提示 keyboard error or no Keyboard present

▽ 故障现象：计算机在启动时提示 keyboard error or no Keyboard present。

▽ 故障原因：提示的含义是键盘错误或者计算机没有发现与之连接的键盘。

▽ 解决方法：要解决此类故障，应首先检查计算机键盘与主板的连接是否完好。如果已经接好，可能是计算机键盘损坏造成的，可以将计算机送至固定的维修点进行维修。

11.5 习题

1. 简述操作系统故障的诊断方法。
2. 简述计算机硬盘的常见故障及解决方法。
3. 计算机硬件故障的检测方法有哪几种？

本套教材涵盖了计算机各个应用领域，包括计算机硬件知识、操作系统、数据库、编程语言、文字录入和排版、办公软件、计算机网络、图形图像、三维动画、网页制作以及多媒体制作等。众多的图书品种可以满足各类院校相关课程设置的需要。已出版的图书书目如下表所示。

图 书 书 名	图 书 书 名
《中文版 Photoshop CC 2018 图像处理实用教程》	《中文版 Office 2016 实用教程》
《中文版 Animate CC 2018 动画制作实用教程》	《中文版 Word 2016 文档处理实用教程》
《中文版 Dreamweaver CC 2018 网页制作实用教程》	《中文版 Excel 2016 电子表格实用教程》
《中文版 Illustrator CC 2018 平面设计实用教程》	《中文版 PowerPoint 2016 幻灯片制作实用教程》
《中文版 InDesign CC 2018 实用教程》	《中文版 Access 2016 数据库应用实用教程》
《中文版 CorelDRAW X8 平面设计实用教程》	《中文版 Project 2016 项目管理实用教程》
《中文版 AutoCAD 2019 实用教程》	《中文版 AutoCAD 2018 实用教程》
《中文版 AutoCAD 2017 实用教程》	《中文版 AutoCAD 2016 实用教程》
《电脑入门实用教程(第三版)》	《电脑办公自动化实用教程(第三版)》
《计算机基础实用教程(第三版)》	《计算机组装与维护实用教程(第三版)》
《新编计算机基础教程(Windows 7+Office 2010 版)》	《中文版 After Effects CC 2017 影视特效实用教程》
《Excel 财务会计实战应用(第五版)》	《Excel 财务会计实战应用(第四版)》
《Photoshop CC 2018 基础教程》	《Access 2016 数据库应用基础教程》
《AutoCAD 2018 中文版基础教程》	《AutoCAD 2017 中文版基础教程》
《AutoCAD 2016 中文版基础教程》	《Excel 财务会计实战应用(第三版)》
《Photoshop CC 2015 基础教程》	《Office 2010 办公软件实用教程》
《Word+Excel+PowerPoint 2010 实用教程》	《AutoCAD 2015 中文版基础教程》
《Access 2013 数据库应用基础教程》	《Office 2013 办公软件实用教程》
《中文版 Photoshop CC 2015 图像处理实用教程》	《中文版 Office 2013 实用教程》
《中文版 Flash CC 2015 动画制作实用教程》	《中文版 Word 2013 文档处理实用教程》
《中文版 Dreamweaver CC 2015 网页制作实用教程》	《中文版 Excel 2013 电子表格实用教程》
《中文版 Illustrator CC 2015 平面设计实用教程》	《中文版 PowerPoint 2013 幻灯片制作实用教程》
《中文版 InDesign CC 2015 实用教程》	《中文版 Access 2013 数据库应用实用教程》
《中文版 CorelDRAW X7 平面设计实用教程》	《中文版 Project 2013 实用教程》
《电脑入门实用教程(第二版)》	《电脑办公自动化实用教程(第二版)》

(续表)

图 书 书 名	图 书 书 名
《计算机基础实用教程(第二版)》	《计算机组装与维护实用教程(第二版)》
《中文版 Photoshop CC 图像处理实用教程》	《中文版 Office 2010 实用教程》
《中文版 Flash CC 动画制作实用教程》	《中文版 Word 2010 文档处理实用教程》
《中文版 Dreamweaver CC 网页制作实用教程》	《中文版 Excel 2010 电子表格实用教程》
《中文版 Illustrator CC 平面设计实用教程》	《中文版 PowerPoint 2010 幻灯片制作实用教程》
《中文版 InDesign CC 实用教程》	《中文版 Access 2010 数据库应用实用教程》
《中文版 CorelDRAW X6 平面设计实用教程》	《中文版 Project 2010 实用教程》
《中文版 AutoCAD 2015 实用教程》	《中文版 AutoCAD 2014 实用教程》
《中文版 Premiere Pro CC 视频编辑实例教程》	《电脑入门实用教程(Windows 7+Office 2010)》
《Oracle Database 12c 实用教程》	《ASP.NET 4.5 动态网站开发实用教程》
《AutoCAD 2014 中文版基础教程》	《Windows 8 实用教程》
《Mastercam X6 实用教程》	《C＃程序设计实用教程》
《中文版 Photoshop CS6 图像处理实用教程》	《中文版 Office 2007 实用教程》
《中文版 Flash CS6 动画制作实用教程》	《中文版 Word 2007 文档处理实用教程》
《中文版 Dreamweaver CS6 网页制作实用教程》	《中文版 Excel 2007 电子表格实用教程》
《中文版 Illustrator CS6 平面设计实用教程》	《中文版 PowerPoint 2007 幻灯片制作实用教程》
《中文版 InDesign CS6 实用教程》	《中文版 Access 2007 数据库应用实用教程》
《中文版 Premiere Pro CS6 多媒体制作实用教程》	《中文版 Project 2007 实用教程》
《网页设计与制作(Dreamweaver+Flash+Photoshop)》	《AutoCAD 机械制图实用教程(2018 版)》
《Access 2010 数据库应用基础教程》	《计算机基础实用教程(Windows 7+Office 2010 版)》
《ASP.NET 4.0 动态网站开发实用教程》	《中文版 3ds Max 2012 三维动画创作实用教程》
《AutoCAD 机械制图实用教程(2012 版)》	《Windows 7 实用教程》
《多媒体技术及应用》	《Visual C#2010 程序设计实用教程》
《AutoCAD 机械制图实用教程(2011 版)》	《AutoCAD 机械制图实用教程(2010 版)》

计算机基础与实训教程系列